어떤 날

3

travel mook
어떤 날 3

초판 1쇄 인쇄 | 2013년 7월 31일
초판 1쇄 발행 | 2013년 8월 6일

글, 사진 | 강윤정 김민채 김소연 다 람
　　　　박세연 박연준 요 조 위서현
　　　　이우성 장연정 최상희

펴낸이, 편집인 | 윤동희

편집 | 김민채 임국화 홍성범
디자인 | 이진아
종이 | 매직 패브릭 아이보리 220g(표지)
　　　그린라이트 80g(본문)
마케팅 | 한민아 정진아
온라인 마케팅 | 김희숙 김상만 이원주 한수진
제작 | 서동관 김애진 김동욱 임현식
제작처 | 영신사

펴낸곳 | (주) 북노마드
출판등록 | 2011년 12월 28일 제406-2011-000152호

주소 | 413-120 경기도 파주시 회동길 216
문의 | 031.955.8886(마케팅)
　　　031.955.2646(편집)
　　　031.955.8855(팩스)
전자우편 | booknomadbooks@gmail.com
트위터 | @booknomadbooks
페이스북 | www.facebook.com/booknomad

ISBN 978-89-97835-31-7　　　04980
　　　978-89-97835-15-7　　　(세트)

어떤
날

3

travel mook

휴가休暇

prologue

그래 멀리 떠나자 외로움을 지워보자

그래 멀리 떠나자 그리움을 만나보자

– 어떤 날 〈출발〉 중에서

contents

휴가

글, 그림 | 박세연

박세연 / 에든버러 칼리지 오브 아트(Edinburgh College of Art, ECA)에서 석사학
위(일러스트레이션 전공)를 받았다. 학교에서 개최한 〈The Art Exhibition〉에서 대상
을 받았다. 2003년 런던 아티스트 북페어, 〈그린책 아티스트 마켓〉(상상마당, 2010)
등의 전시에 참여했다. 지은 책으로 『잔』이 있다.

초여름 즈음부터 휴가 이야기가 들려오기 시작했다.

한 친구는 싱가포르에,

한 친구는 통영에,

한 친구는 유럽에 간다.

나의 가장 친한 친구는 벌써 몇 주째

바다로 갈까, 산으로 갈까를 놓고

역사적 사명이라도 띤 듯 고민중이다.

짧게는 이틀에서 길어야 닷새.

가장 덥고, 가장 붐비고, 가장 비싼 때에 가면서도

다녀오면 후유증으로 현실이 더 빠듯해진다는 걸 알면서도

일탈을 꿈꾸는 친구들의 얼굴에는 생기가 넘친다.

어딘가로 떠날 이들의 설렘은

세상에서 가장 아름다운 기운인 것 같다.

얼마 전 긴 여행을 다녀온 나의 심장도

이들 옆에 있으니 괜스레 들썩들썩

요동을 멈추지 않는다.

바다로 갈까 / 캔버스에 과슈 / 49*53cm / 2013

산으로 갈까 / 캔버스에 과슈 / 49*53cm / 2013

Nice,
Pieces

글, 사진 | 강윤정

어떤 날

너는 귀를 막고 울었다. 비행기를 타면 나는 상상도 못할 귀울음으로
너는 늘 고생이었다. 해줄 수 있는 게 없는 나는 그저 발을 동동 구르며
일 분 일 초라도 빨리 지상에 닿기를 바랐다.

한국에서 파리까지는 그래도 이 정도는 아니었다. 비행기가 컸고, 비
행은 안정적이었으며, 미리 찾아본 몇 가지 방법으로 너는 나름의 대
비를 했다. 문제는 파리에서 곧바로 환승한 니스행 비행기였다. 국내
선 작은 비행기는 이륙하는 순간부터 심하게 흔들렸다. 그 두 시간은
정말이지 끔찍했다. 나는 어쩌자고 너를 이 먼 나라까지 데려가는가.

여행은 그렇게 시작되었다.

한 나라에 대한 선입견은 맨 처음 발 디딘 도시에서 비롯되게 마련, 내
가 상상한 프랑스는 적어도 이런 게 아니었다. 여유로운 미소와 그윽
한 눈빛들, '빠-히'라고 발음하면 더 근사한 파리, 낭만과 로망의 나라.
아아, 그러나 8월의 끝자락, 니스는 참으로 춥고 을씨년스러웠다. 일
교차가 놀라우리만치 컸다. 허니문 베이비를 운운하던 사람들에게 양
말도 못 벗었다고 말해줘야겠다.

당연하게 생각했던 것들이 당연하지 않은 곳에서도 시간은 흘렀다. 밤부터 아침까지는 지나치게 넓은 호텔방에서 오들오들 떨었고, 한낮에는 오도카니 앉아 볕을 쪼이거나 휘적휘적 걸었다. 본격적인 바캉스 기간이 살짝 지난 뒤여서인지 거리는 제법 한산했다. 이틀쯤 되니 기본적인 일과에 익숙해졌다. 트램 일일 승차권을 사는 방법이나, 구시가와 신시가로 가는 방법, 요깃거리를 살 만한 곳이 어디에 있는지, '미안해요, 고마워요, 실례해요' 같은 기본적인 인사를 어떻게 발음하는지 같은 것. 익숙해지고 나니 시야가 조금 넓어졌다. 결국 여유로워 보이는 풍경이란 그렇게 거창한 것이 아닐지 모른다. 내가 속한 시간과 장소를 느끼고 있다면 되는 것. 사흘째부터는 웃음이 헤퍼졌다.

*

"니스? 거긴 개와 노인밖에 없지." 떠날 당시 나는 불문학자 선생님의 프랑스 관련 에세이를 만들고 있었다. 선생님 말씀이 내내 떠올랐다. 여름 끝물의 니스엔 정말이지 개와 노인이 많았다.
그리고, 그러나, 그럼에도 불구하고, 지중해를 품은 니스의 해변은 진정 아름다웠다. 니스에 머물던 날들 가운데 햇볕이 쨍쨍하던 딱 하루,

우리는 환호성을 지르며 무작정 해변으로 향했다. 자유롭게 놀다가 덩그러니 세워진 오픈 샤워장에서 소금기만 씻어내고 돌아가는 사람들. 그곳은 무료 해변이었다. 유료 해변에는 파라솔이 놓여 있었다. 햇볕 알레르기가 있는 나에겐 당연히 파라솔이 필요했다. 비록 바람이 많이 불어 파라솔을 펼 수 없다는 비보가 날아왔지만. 어찌됐든 먼 빛과 바람이 파도를 타고 가까이로 밀려왔다. 파도가 덮친 후 쓸려갈 것은 쓸려가고, 남아야 할 것은 남았다. 아무리 바라봐도 지루할 틈 없는 풍경이었다.

곁에선 네가 밀란 쿤데라를 읽고 있었다. 남이었던 우리가 남이 아니게 된 뒤 떠난 첫 여행. 우리의 지난 시간을 떠올려본다. 힘들었던 시간과 무탈하게 흘렀던 시간이 비슷한 비율이지 않았을까.

돌이켜보면 언제나 understand와 recognize 사이를 오갔다.

understand는 이해하는 것이다.
이것은 상대방의 특성, 어떤 기질을 발견하고
자신의 필터로 거른 후 납득하는 것이다.
말로 설명할 수 있을 만큼.

어떤 날

따라서 이해한 만큼 자기 나름의 제스처를 취할 수 있게 된다.

개별성이 다소 사라지고 보편성이 확보된다.

상대방과 자신 모두에게 편안한 결과를 가져온다. 어느 정도까지는.

recognize는 알아준다는 의미.

개별성이 개별성으로 남는 대신

상대방에게 가닿는 자신의 영향력이 제한적이다.

감내해야 하는 부분이 보다 크다.

이상적이라고 해도 될 만큼 넓고 깊은 마음과 용기가 필요하다.

끝끝내 사랑을 줄 수는 없겠지.

사랑이라고 생각하는 것을 주게 될 것이다.

그래서 나는, 그저 좋은 것만 주고 싶다는 생각을 하기로 한다.

사랑이라고 생각하는 것 말고,

이게 내 사랑이라고 보여주고 싶은 것 말고,

좋은 것만 주고 싶다.

다짐이랄 것도 없는 상념이 머릿속을 떠다닌다. 우리의 인생엔 설명할
수 없는 일투성이일 것이다. 너는 나의 리얼리티, 이거 하나면 충분하다.

*

나는 코끼리의 귀가 되어 펄럭거리고
너는 개의 코가 되어 먼 곳을 향하고
우리는 공기 중을 부드럽게 이동하였다.
- 이장욱 詩「먼지처럼」부분

*

읽거나 먹는 시간을 제외하곤 대개 걸었다. 시간의 흔적이 고스란히
남아 있는 니스. 구불구불 정리되지 않은 길을 걷고, 끝없이 이어지는
계단을 한참 동안 올랐다. 사람들은 이 길을 먼먼 옛날부터 걷고, 오르
고 했겠지. 그땐 그리운 사람이 있어도 냉큼 전화를 걸어 보고 싶다고
말할 수 없었을 것이다. 마음속으로 떠올리며, 생각하고 또 생각하며
걸었을 것이다. 그건 어떤 것일까. 그립고 애틋한 마음 아까운 줄 모르
고 그때그때 터뜨려 해소하고 마는 게 당연해지니, 한 걸음 한 걸음 그
들이 품고 되새겼을 마음들이 참 부러웠다.
너와 손을 잡고 걷는 동안, 혼자인 사람들이 유독 눈에 들어왔다. 혼자

어떤 날

라 더 충만했던 날들을 떠올렸다. 그런 날들이 언젠가 나에게도 있었다. 그들을 바라보며 나는 너에게 행복하냐고 묻고 싶었다. 행복하다는 것은 무엇일까. 그것은 어떤 상황에 놓였느냐의 문제가 아니라 어떤 태도를 지녔느냐의 차원일 것이다. 나빠지기는 참 쉽다. 우리가 걷는 이 길은 우리가 걷고 있기 때문에 언젠가 끝도 날 것이다. 나는 잡은 손에 힘을 주었다.

*

눈높이에 맞던 신호등, 그 안의 가지각색 빨간불 아저씨, 고즈넉한 정경과 어울리지 않았던 트램, 정류장을 알리던 나른한 목소리, 우리 인생 최고의 미술관이 될 샤갈 미술관, 구시가의 살레아 벼룩시장, 마세나 광장의 뜻 모를 나체 조형물들(밤이면 불이 켜졌지), 무료하고 심심해 보였던 사람들, 내 핸드폰을 노린 꼬마의 겁먹은 눈동자, 프랑스에도 맛없는 와인이 있다는 걸 알려준 어느 노천카페, 샤갈, 르누아르, 모딜리아니 같은 화가들이 즐겨 찾았다는 중세마을 생폴드방스…… 그들이 그림으로 숙박료를 대신하며 묵었다는 이야기는 참으로 낭만

적이었다. 모든 것은 이유가 되어 다시 떠오를 것이다. 그리고 이제 우리는 파리로 간다.

*

여행에서 돌아와 필름을 맡겼다. 인화된 사진을 보고 있노라면 비로소 여행이 완성된 느낌이 든다. 여덟 롤의 필름, 그 가운데 절반 이상은 하프카메라로 찍었으므로 열흘간 내가 프랑스에서 찍은 사진은 수백 장에 이를 텐데, 하루면 웹하드에 올려질 것이다. 간편하고 빠르고, 그래서 운치는 없고. 돌이켜보면 그 여덟 롤 모두 짧게는 몇 달, 길게는 일 년 이상 유통기한이 지난 필름들이었고, 수리를 마치고 다시 찍어보지 않은 카메라 두 대를 가지고 간 탓에, 수백 장을 찍으면서도 어쩌면 단 한 장도 나오지 않을 수 있다는 생각에서 벗어날 수 없었다. 그래서 더 오래오래 풍경들을 봐두었던 순간을 떠올리자니 운치란 건 외려 거기에 있으므로 조금 기묘한 감상이 든다. '각별한 시간, 언젠가 다시'라고 생각하지만 대개 처음이자 마지막일 시간으로 남는다. 그러므로 여행이란 반복되는 일상과는 다른 의미로 남는 것일 터.

완벽한 순간이 있다.

그 순간 때문에 많은 것을 견딜 수 있는, 그런 순간.

강윤정 / 늘 텍스트와 관련된 일을 하고 싶다고 생각했다.
문학동네에서 시와 소설, 평론을 다듬어 책으로 꿰고 있다.

어떤 날

우리의 인생엔 설명할 수 없는 일투성이일 것이다.
너는 나의 리얼리티, 이거 하나면 충분하다.

어떤 날

동경 東京

글, 사진 | 김민채

어떤 날

| 롯본기 힐즈

03-6406-6000

오에도선 롯본기 역 3번 출구에서 도보 5분

www.roppongihills.com

1. 롯본기

도쿄의 첫인상은 참 단정했다. 쓰레기 하나 보이지 않는 거리와 군더더기 없는 거리의 장식들. 사람들은 조용했고 운전자들은 경적을 울리지 않았다. 밤마다 새로 칠하는 게 아닐까 싶을 만큼 도로 위 횡단보도와 이정표는 깨끗했는데, 정말 밤마다 페인트칠을 하는 인부들을 마주쳤다. 참 단정하구나. 일본 사람들은.

롯본기 힐즈 Roppongihills

내 마음속 일본 풍경은 〈짱구는 못 말려〉나 〈도라에몽〉에 나오는 마을 풍경이 전부였는데, 도쿄 여행의 첫 행선지는 롯본기 힐즈였다. 미술관, 호텔, 영화관, 명품 쇼핑몰, 방송국 등의 다양한 기능을 갖춘 여덟 개의 거대한 빌딩이 모여 있는 주상복합단지를 마주했다. 도시 재개발에 의해 조성되었다는데, 평범한 사람들의 삶터였던 곳이 돈이 없으면 즐길 수 없는 곳으로 변모하는 일을 목격하는 건 한국에서나 일본에서나 참 힘든 일이었다.

| 도쿄 시티 뷰 Tokyo City View (모리타워 내)

東京都港区六本木6-10-1 六本木ヒルズ森タワー 52F

03-6406-6652

월~목 10:00-23:00(마지막 입장 22:30)

금. 토, 공휴일 10:00-25:00(마지막 입장 24:00)

입장료 성인 1,500엔 고등학생, 대학생 1,000엔 4세~중학생 500엔

www.tokyocityview.com

| 모리 미술관 森美術館 Mori Art Center (모리타워 내)

東京都港区六本木6-10-1 六本木ヒルズ森タワー 53F

03-5777-8600

월, 수~일요일 10:00-22:00 화요일 10:00-17:00

연중무휴

입장료는 전시회마다 다름

www.mori.art.museum

| 아오야마 북 센터 青山ブックセンター (롯본기점)

東京都港区六本木 6-1-20 六本木電気ビル 1F

03-3479-0479

10:00-23:30(일, 공휴일 10:00-22:00)

연중무휴

www.aoyamabc.co.jp

그럼에도 나 역시 돈을 내는 행위를 거쳐 모리타워에 들어서는 순간, 모든 생각을 잊고 그 안에서 도쿄를 내다보게 됐다. 모리타워 52층의 '도쿄 시티 뷰'에서는 도쿄 시내를 한눈에 내다볼 수 있고, 53층에 위치한 '모리 미술관'에서는 건축이나 디자인 기획전 등 풍성한 전시를 즐길 수 있다. 내가 방문했을 때에는 〈LOVE전〉이 열리고 있었는데, 아시아 최대의 현대 미술관이라는 명성답게 순식간에 나를 홀려버렸다. 벽면의 아포리즘 배치와 전시물에서 흘러나오는 음악이 머릿속으로 흘러들어오는 순간, 나는 그게 꿈이라고 생각해 한참을 눈을 감고 서 있었다.

아오야마 북 센터 Aoyama Book Center

일본 내 일곱 개 지점을 둔 대형 체인 서점이다. Aoyama Book Center에서 따와 'ABC'라 부른다. 아오야마 북 센터 롯본기점은 규모가 많이 크지는 않았지만, 다양한 종의 책들이 구비되어 있다. 또 낮은 2~3층으로 연결된 공간은 아담하고 편안한 느낌을 준다. 디자인, 건축, 사진, 여행서, 잡지가 주를 이루기 때문에 디자이너와 여행가들이 즐겨 찾고, 도서 판매뿐만 아니라 사진전 개최 등 문화 공간으로서의 역할도 하고 있다고 한다.

서점이 갖는 많은 의미들 중에서도 나는 '만남의 장소'로서의 서점을 귀하게 여긴다. 서점은 기다림을 기억한다. 만나기로 한 상대방을 오랫동안 기다리기에도 좋은 곳이고 행여 내가 약속 시간에 늦는다 해도 기다리고 있는 상대방에게 덜 미안할 수 있는 공간이다. 사람들은 그 기다림 속에서 새로운 영감을 얻고, 삶에서 놓치고 있던 기쁨을 찾기도 한다. 작은 동네 서점이 사라져서는 안 되는 까닭도 일상의 소소한 발견과 머무름이 그곳에 있기 때문이 아닐까.

| 신나카미세

긴자선 아사쿠사 역 6번 출구에서 도보 1분

9:30-19:00(가게마다 다름)

| 나카미세

03-3841-7877

긴자선 아사쿠사 역 1번 출구에서 도보 3분

9:00-18:30(여름에는 -20:00)

연중무휴

2. 아사쿠사

도쿄 중심부를 걷다보니, 내가 바랐던 일본의 모습은 일부러 보려고 찾아가지 않는 한 보기 어려울지 모른다는 생각이 들었다. 정말로 일본이 단정하고 조용하다면 화려한 번화가보다는 오래된 동네를 걷고 싶은데. 도쿄의 옛 정취를 느낄 수 있는 곳이 없을까, 하고 안내책자를 살펴보다가 아사쿠사 인근으로 발걸음을 옮겼다.

신나카미세 新仲見世

아사쿠사 역에서 가까운 시장 거리다. 길 건너편에서 보아도 시장 느낌이 물씬 풍겼는데, 한국의 전통시장들이 최근 지붕을 설치해 편의를 더한 것처럼 골목마다 지붕이 설치되어 있었기 때문이다. 옷 가게와 음식점, 전통 상품을 판매하는 상점들이 늘어서 있는 신나카미세는 주변 거주자들의 일상이 흠뻑 묻어나는 곳이었다. 그 역사가 팔십 년이 되었다고 한다. 일본 과자 가게에서는 직접 과자를 만드는 모습도 볼 수 있고 과자 맛도 볼 수 있다. 골목마다 구경하는 재미가 쏠쏠한 게 과연 시장답다.

나카미세 仲見世

신나카미세 여기저기를 구경하다가 이끌리듯 나카미세 쪽 골목으로 들어갔다. 나카미세는 수호문인 가미나리몬부터 도쿄에서 가장 오래된 절 센소지를 잇는 길이다. 300미터 정도 되는 시장 거리인데 개폐식 지붕이라 비가 와도 구경하기 좋다. 나카미세는 에도시대부터 나라에서 관리하는 상점가였다하니, 그 역사가 엄청나다. 주로 전통 음식과 민예품 등을 파는데, 일본적인

| 가미나리몬
긴자선 아사쿠사 역 1번 출구에서 도보 1분

| 센소지
東京都台東区浅草 2-3-1
03-3842-0181

음식과 물건들이 많아서 하나하나 다 먹어보고, 만져보고 싶은 것들이 가득했다. 그러다 문득 입구부터 다시 걸어보겠다는 마음이 들어 센소지를 등지고 가미나리몬을 향해 걸었다.

가미나리몬 雷門

센소지의 액운을 막아주는 수호문이라고 한다. 문 가운데에 거대한 붉은 제등이 달려 있다. 나도 액운을 떨쳐내볼까 하고 기어이 제등 아래를 걸어보았다. 가미나리몬을 기준으로 오른쪽에는 1856년부터 장사를 해온 구로다야 KURODAYA라는 종이 가게가 있다. 종이를 끊어서 살 수도 있고 종이로 만든 소품들도 많다. 한참을 고민하다 벚꽃 잎이 촘촘하게 박힌 종이 한 장을 말아서 나왔다.

센소지 浅草寺

도쿄에서 가장 오래된 절이다. 제2차 세계대전 때 소실되었다가 본전은 1958년, 5층탑은 1973년에 재건되었다고 한다. 한국의 절을 생각하면 산속 깊은 어디쯤에 있을 것 같지만, 센소지는 시장 거리와 연결되어 있어 접근성이 아주 좋다. 어르신들이 쉬어가는 모습이 자주 보였다. 동네 사람들에겐 그저 항상 열려 있는 공원 같은 곳인 셈이다. 100엔을 내고 기원하는 것들을 적어 묶어두는 종이가 있었는데, 이미 많은 사람들의 소망이 주렁주렁 걸려 있었다. 소원은 적지 않고 그저 바라보며 다른 사람들은 무얼 그리 바랐을까 궁금해하다 돌아왔다.

| 우에노 시장

03-3832-5053

우에노 역에서 큰 길을 건너면 바로 앞

10:00-20:00(가게마다 다름)

| 쓰타야 서점 蔦屋書店

東京都渋谷区猿楽町17-5

다이칸야마 역 인근

03-3770-2525

7:00-26:00(새벽 2시까지 영업)

3. 우에노

우에노 시장은 오카치마치 역부터 우에노 역까지의 노선을 따라 이어져 있다. 식료품과 전통과자, 의류, 신발 등을 저렴하게 파는 500여 개의 상점이 철도 노선 아래에 모여 있다. 전철이 지날 때의 울림과 시끌벅적한 시장 분위기가 섞여 묘한 긴장감이 느껴지는 곳. 그건 꼭 시장이 '살아 있다'는 느낌이었는데, 우에노 시장은 도쿄에서 유독 생기가 넘쳤던 곳이 아니었나 싶다. 아무리 조용하고 단정한 일본이라도 사람 사는 곳 맞구나, 싶었다. 조금 지저분하고 복잡하지만 생동감과 활기 속에 이곳 사람들의 참 모습이 담겨 있다는 기분이 들었던 탓이다.

4. 다이칸야마

쓰타야 서점 TSUTAYA BOOKS

기획부터 오픈까지 5년이 걸렸다는 쓰타야 서점은 그야말로 책 읽는 사람들을 위한 공간이다. 편안히 책을 읽을 수 있게 서점 곳곳에 테이블과 의자를 배치했다. 책의 숲 속에 한참을 앉아 책을 읽다보면 꼭 도서관 같다는 착각이 든다. 1층에 스타벅스, 2층에는 라운지가 있고 영업시간도 새벽 2시까지여서 문 닫을 걱정 없이 여유롭게 책을 즐길 수 있는 곳이다.

글 없는 그림책을 좋아하는 나는 그림책 코너에 앉아 수많은 그림책을 탐닉했다. 일일이 펼쳐보기에는 책의 종수가 너무 많아 글 없는 그림책을 찾는 게 쉽지 않았다. 그러다 문득 한 권의 책이 유독 반짝이기에 뽑아들었는데, 평소 가장 좋아하던 글 없는 그림책의 작가 마리에 톨만·로날트 톨만의 책이 나왔다. 책을 품에 끌어안고서는 쓰타야 서점이 좋다고 몇 번이나 생각해버렸다.

어떤 날

5. 오모테산도

오모테산도 인근 골목

오모테산도의 뒷골목은 꼭 홍대 뒷골목 같다. 그래피티가 있는 담장, 옷이며 액세서리며 다양한 소품들이 눈길을 끈다. 오래 기억하고 싶은 풍경이 널려 있어 연신 사진을 찍어댔다. 골목 사이사이를 두어 시간 걷다보니 어느새 친숙한 골목이 됐다.

배도 채우고 쉬었다 갈 겸 나라 요시토모의 카페 A to Z Cafe로 들어섰다. 사람이 많아 대기하는 사이, 사진을 확인한다. 그런데 이상하게도 삼 일간 찍었던 사진이 하나도 없다. 나도 모르는 사이에 메모리가 포맷됐다. 아무리 눌러봐도 사진은 돌아오지 않으니 허탈하기만 했다. 사진 찍기를 좋아해서 쇼핑도 하지 않고 삼 일 동안 바지런히 걸어 다닌 나였는데, 사진이 몽땅 사라지다니. 화도 나고 억울하기도 하다.

그런데 그 와중에 메뉴판이 온다. 메뉴를 고른다. 밥이 나와서 밥을 먹는다. 꾸역꾸역 한 접시를 다 비우고 나니 웃음이 난다. 다 잃어버려도 결국엔 이렇게 눈물겹게 밥을 먹는 게 삶이라서 웃어버렸다. 아무리 힘들어도 다시 살아보겠다며 차곡차곡 채워가는 것이 살아가는 일임을 나는 도쿄에서 알아차렸다.

| 유트레히트 서점 UTRECHT/NOW IDeA
東京都港区南青山5-3-8 パレスミユキ 2F
오모테산도 역에서 세이난 초교 방향으로 도보 5분
03-6427-4041
12:00-20:00 월요일 휴업(공휴일인 경우 다음날)
www.utrecht.jp

| 나라 요시토모 카페 A to Z Cafe
東京都港区南青山5-3-8 equboビル 5F
03-5464-0281
12:00-23:30(점심식사 가능, 12:00-16:00)
http://atozcafe.exblog.jp/

어떤 날

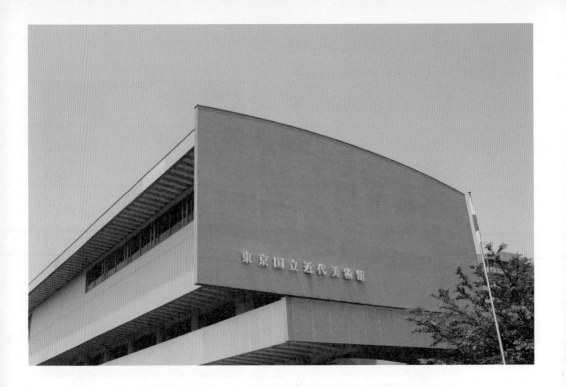

| 국립근대미술관 The National Museum Of Modern Art Tokyo

東京都 千代田区 北の丸公園 3-1

03-5777-8600

도자이선 다케바시 역 1b 출구에서 도보 3분

10:00-17:00(마지막 입장 16:30)

휴관 월요일(공휴일인 경우에는 개관 후 다음 날 휴관), 연말연시, 전시 교체 기간

입장료 일반 420엔, 대학생 130엔(2~4층 소장작품전)

1층 기획전 티켓 별도(단, 기획전 티켓 구매시 소장작품전 관람 가능)

www.momat.go.jp

어떤 날

G. 나는 네가 왜 이곳을 떠나갔는지 몰라. 무엇을 찾고자 먼 땅을 향해 갔는 지, 그곳에서 무얼 하려는 건지. 그런데 G, 어렴풋 알게 되었어. 내가 알지 못 하는 어떤 사람의 그림 하나로 인해. '너'와 '살아가는 일'에 대해 좀더 알게 됐어. 나는 지난 한 달간 하나의 그림만을 생각했어. 아니 생각했다기보다 자 꾸만 생각이 났다고 해야 맞겠지. 뭉개진 발끝으로 걸어 나오던 몸뚱어리에 대해. 선으로 만들어진 여기와 저기를 건너다니는 덩어리에 대해.

우리가 일본에 가게 된 것은 순전히 그 전시 때문이었어. 한국에는 들어오기 어렵다는 전시회, 이번 전시를 마치면 휴식 기간에 들어간다는 그림들을 보 기 위해. 나는 그를 몰랐어. 그의 그림을 한 번도 본 적이 없었고. 여행을 떠 나면서도 일본에 도착해서도 아니 심지어 미술관 앞에 도착해서도 나는 반 신반의했어. 그가 어떤 그림을 그렸기에 우리는 그 그림을 향해 일본까지 와 야만 했던 걸까?

얼마 전 만들고 있는 미술무크지 《debut(데뷰)》에서 화가 김지원 선생님의 인터뷰 원고를 읽었어. 거기에 이런 말이 나와. 그림을 통한 변화. 거기서 '변화'라는 건 미술관에서 본 그림이 집에 돌아가서도 생각나는 그림이라는 거, 작품 앞에서 좋다가 집에 돌아가면 잊어버리는 게 아니라 계속 생각나는 거래. 그래서 '왜 자꾸 그 그림이 생각나지?' 하고 되묻는 게 변화의 시발점이고. 나는 그 인터뷰를 읽고서야 왜 지난 한 달 동안 하나의 그림을 잊지 못하고 자꾸 떠올렸는지를 알게 됐어. 그 그림이 좋은 그림이었다는 사실, 그것으로 인해 무언가가 변화하기 시작했다는 사실을 말이야.

프랜시스 베이컨Francis Bacon 전시는 충만했어. 살아오며 연결되어 온 수많은 선택들이 나를 베이컨의 그림 〈Walking Figure〉 앞에 데려다놓은 것에 감사했을 만큼. 그래 G, 그 그림이 내 마음을 흔들어놨어. '오늘이 아니면 평생 다시는 마주할 수 없겠구나' 하는 마음에 한참을 그 그림 앞에 머물렀어. 돌아서서 다른 그림을 보러 갔다가도 이내 아쉬워져 몇 번을 되돌아갔는지. 과감하게 그어진 세로선 하나. 그 선 뒤에서 걸어 나오는 하나의 몸뚱이. 초록의 면. 다시 가로선으로 나누어진 고동색의 바닥. 그 위를 몸뚱어리가 걷고 있었어. 뭉개진 발끝으로 걸어 나오고 있었어.

한참 동안 그 발끝을 바라봤어. 어쩌면 발이 아닐지도 모르는 그것을 말이야. 그러다 문득 살아가는 일이 얼마나 위대한 것인지에 대해 생각했어. 뭉개진 발끝으로 거대한 몸뚱어리를 이끌고 저기에서 여기로 걸어 나오는 것. 웃는 듯 우는 듯한 표정으로 다시 이동하는 것. 그게 오늘을 살아 견디는 일이 아닐까? 이 땅 위에 꼿꼿하게 걸어가. 살아, 살아가. 그 발이 감동스러워. 이 몸뚱이로 오늘을 살아낼 수 있다는 것에 마음이 일렁여 눈시울이 뜨거워져. 그림 앞에 오도카니 서서 생각했어. 무언가의 뭉개진 발끝을 보고 가슴이 떨릴 수 있을 때, 그때를 미술이라고 부르겠노라고.

그날 마주했던 베이컨 그림의 대부분에는 특별한 공간이라 할 것이 없었어. 거기가 어디인지 알 수 없었지. 그림 속 존재들은 면과 면 사이 어디쯤에 있을 뿐이었어. 캔버스는 이미 하나의 공간이었지만 동시에 어떠한 공간도 아니었어. 특별한 공간이 없는데, 베이컨의 대상들은 자꾸만 저기에서 여기로 넘어오는 거야. 선 혹은 면이 그 자체로 공간이 되기도 하고 '선'이 경계가 되어 공간을 만들어내기도 해. 신기하게도 선이 그어지는 순간 '여기'와 '저기'가 생기는 거야. 그러면 베이컨의 그림 속 인물(혹은 인물이 아닌 무엇)은 선을 넘어 여기로 와. 자꾸만 그렇게 넘어오는 바람에 나는 되묻게 됐어. '우리는 어디에서 와서 어디로 가는 걸까?'

어떤 날

어쩌면 삶은 기차여행 같은 게 아닐까 생각했어. 쉴 새 없이 바뀌는 창밖의 풍경, 속도를 가늠할 수 없는 이동성, A지점에서 B지점으로 이동하는 사이의 어디쯤. 그 사이의 어디에도 나는 존재하지 않는다는 생각. 오로지 '가고 있다'는 '지향'만이 있을 뿐, 거기에 내가 해야 할 일이나 생각해야 하는 것들은 존재하지 않았어. 기차에서 우리는 이동중이었고, 무엇을 해도 무엇을 하지 않아도 좋은 상태였던 셈이지. 점에서 점을 향해 가고 있는 것 자체가 목적이 되는 상태.

어쩌면 우리는 삶이 이동중에 불과하다는 사실을 확인하기 위해 여행을 떠나는지도 몰라. 여기에서 저기까지 닿기 위한 일종의 진공 상태. 우리가 닿으려는 지점은 저기에 있고 끊임없이 그 이상을 향해 나아가고 있는 상태 말이야. 인생에서 마주하고픈 단 하나의 가치를 향해 칙칙폭폭, 가고 있지. 비록 그것이 아무리 멀리에 있다 할지라도 기차는 경계를 넘고 시간을 달려 도착할 테고. 결국엔 도착할 테니 조급할 필요도 없을 거야.

G, 너 또한 이동중인 거지? 닿고 싶은 저멀리의 별을 향해 손을 뻗은 채로. 수많은 사람들이 왜 떠났느냐고, 무얼 하려는 거냐고 따져 물어도 나만은 아무것도 묻지 않아야 하는 거지? 너는 그저 여기에서 저기로 경계를 넘는 중이니까.

거기는 캔버스 위의 푸른 면. 너는 삶이라는 몸뚱어리를 이끌고 발끝이 뭉개진 두 발로 단단하게도 땅을 딛고 서 있는 거야. 온몸으로 온 힘을 다해 살아견디고 있는 거잖아. 견고한 선을 넘어 여기에서 저기로, 우는 듯 웃는 듯한 표정으로 이동하고 있잖아. 너의 그 발이 감동스러워 마음이 일렁여 눈시울이 뜨거워져. 나는 너라는 그림 앞에 오도카니 서서 생각해. G, 나는 너를 미술이라고 부르겠노라고.

나는 내게 다짐해. 살아가며 '무엇'을 하려고 허덕이지 않겠다고. 남들보다 좋은 것을 얻으려 사람을 외면하거나 일류가 되기 위해 몸부림치거나 시간을 쪼개어 무언가를 하려 안간힘을 쓰지 않았겠다고. G, 네 인생의 특별한 진공 상태처럼, 나 역시 무언가를 보고 느껴야 한다는 강박에서 벗어나겠다고. 아무것도 하지 않는 혹은 아무것도 아닌 상태를 두려워 않겠다고.

프랜시스 베이컨은 1975년 한 인터뷰에서 말했어. "I remember looking at a dog-shit on the pavement and suddenly realized, there it is-this is what life is like." 베이컨은 깨달았다고 해. '그게 그냥 거기에 있었다'는 사실을, 삶 또한 그러하다는 것을.

우리는 알 수 없는 공간 위에 던져진 존재. 여기에서 저기로 끊임없이 이동 중인 존재. 경계를 넘어 저기를 향해 가는 존재. 뭉개진 발끝으로 오늘을 살아가는 존재. 너와 나는 어디론가 '가고 있는' 중이고 언젠가는 도달할 거야. 그러기 위해 여기에 있을 뿐. G. 나는 이제 무섭지 않아. 삶이 우리에게 강요했던 일들과 주입하려 했던 의미들마저. 우리가 여기에 있어. 그래서 베이컨은 인간의 몸을 짐승의 무엇, 살코기로 만들고, 신체를 뭉개어버렸을 거란 생각이 들어. 의미를 갖는 뚜렷한 무언가가 아니라 단지 여기에 존재하는 그것, 하나의 대상만을 남겨둔 거겠지.

G, 삶 운운하니 이야기가 자꾸만 거창해진다. 나는 그저 네가 왜 떠나갔는지, 무얼 하려 하는 건지 묻지 않게 되었다는 그 말을 전하고 싶었던 것뿐인데. 나와 다른 시공간 어디쯤에 있을 네가 궁금했을 뿐인데. 이제 그냥 네가 거기에 있다는 사실만을 기억할게. '무엇'이나 '어떻게'가 아니라 네가 '있음' 을 말이야. 무언가를 해야 한다는 강박이 아니라 삶의 지향을 위해 존재하며 이동하고 있다는 것. 그러니 너도 두려워 말아. 너는 강해 너는 용감해. 너도, 나도 여기에서 저기로 가고 있어. 뭉개진 발끝으로 경계를 넘어.

김민채 / 한양대 국문학과를 졸업했다. 서울을 이루는 각각의 동네마다 숨어 있는 '이야기'를 찾아 『더 서울』이라는 책을 썼다. 북노마드 편집자로 아주 예쁜 시간을 보여주고 싶은 마음을 담아 책을 만들고 있다.

뭉개진 발끝으로 거대한 몸뚱어리를 이끌고
저기에서 여기로 걸어 나오는 것.
웃는 듯 우는 듯한 표정으로 다시 이동하는 것.
그게 오늘을 살아 견디는 일이 아닐까?

바캉스적 인간

글, 사진 | 김소연

어떤 날

휴가에 대한 이야기는 나만의 비밀이 되게 하고 싶은데, 그걸 글로 써야 한다니 난감해서 그래.

휴가에 대한 글을 써보자는 제안을 받았지만 쓰는 걸 매일매일 미루고 있는 이유를 친구에게 말했다. 친구는 대뜸 내게 이렇게 대꾸를 했다.

공개할 만한 휴가 얘기는 없나 보네, 응큼한 사람이네.

응큼하다는 대꾸가 유쾌해서, 나는 웃음을 터뜨렸다. 오랜만에 응큼하단 말과 만나서 처음 듣는 말처럼 낯이 설었다. 이 낱말을 과연 사전에선 어떻게 정의하고 있는지 찾아보았다. '응큼'이라는 단어는 사전에 없었다. 표준어가 아닌 모양이었다. 대신, '엉큼하다'라는 말을 찾았다. 뜻은 이랬다.

1. 엉뚱한 욕심을 품고 분수에 넘치는 짓을 하고자 하는 태도가 있다.
2. 보기와는 달리 실속이 있다.

사전에 실린 뜻에 의하면, 나의 휴가는 언제나 엉큼했던 게 맞다. 적어도 나는 휴가를 떠날 때마다 내 분수에 맞지 않는 짓을 최대한 하자고, 내 분수에 맞지 않는 장소로 찾아가서 최대한의 호사를 누리자고 각오하기 때문이다. 분수에 맞지 않게 나를 취급해주는 유일한 며칠 간. 그건 나만의 비밀이었다. 그 비밀을 글로 써야 하는 게 난감했다.

분수에 넘치는 짓을 하는 사람을 나는 두 종류로 구분을 한다. 과시 적으로 그걸 하느냐, 비과시적으로 그걸 하느냐. 과시적으로 그걸 하 는 사람을 나는 '속물'로 보는 것 같다. 어차피 속물인데 좀더 당당하 면 좋으련만, 내가 속물인 모습은 남에게 과시하며 보이는 게 부끄럽 다. 나도 모르게 언뜻언뜻 누군가에게 보여, 쟤 속물이네, 하고 들통 이 나면 또 몰라도. 그러니 나는 엉큼한 사람이 맞는 것이다.

분수에 넘치는 엉큼한 여행을 맨 처음 시도했던 건 아주 오래전의 일 이다. 그곳에서 나는 신선처럼 지냈다. 목욕물을 받아주는 개인 서버 가 있었고, 끼니 때마다 그가 내미는 메뉴판에 내가 먹고 싶은 음식 을 체크했고, 내 방으로 식탁이 배달되어 오는 호사로운 식사를 했 다. 은그릇 속에 담긴 음식들의 뚜껑을 하나하나 열어주며 서버는, 내가 식사를 하는 내내 옆에서 시중을 들었다. 혼자만을 위한 수영장 이 딸려 있어 혼자서 수영을 하며 오전을 보냈고, 테라스의 비치체어 에 앉아서 태양이 저불어갈 때까지 책을 읽었다. 비즈니스 호텔에서

나 갖추고 있는 책상이 놓여 있었고 책상 위엔 러시아 귀족들이나 사용했을 법한 오래된 스탠드가 놓여 있었다. 그곳에서 나는 시는 안 썼고 일기를 아침저녁으로 적었다. 마치 개츠비가 된 듯한 기분으로.

이렇게 멋진 곳을 소개해준 사람은 방콕의 카오산 로드에서 만난 일본인 부부였다. 손을 꼭 잡고 골목을 걷다가 카페로 들어와 내가 앉은 테이블의 옆자리를 차지했던 그들은, 한눈에 보아도 베테랑 여행자의 포스가 넘쳐흘렀다. 레게 머리를 한 남자와 삭발을 한 여자. 둘은 서로를 한없이 바라보며 소근소근 대화를 나누고 있었고, 나는 그들에게 카메라를 보여주며 사진을 좀 찍어도 되냐고 물었다. 그들은 흔쾌히 그러라고 했다. 그들을 카메라에 담아 이메일로 보내준 날에 그들에게 답장이 왔다. 이번 여행에서 최고의 사진을 얻게 됐다며, 그 답례로 아주 특별한 장소를 알려주겠다는 내용이었다. 아무런 설명도 없이 그냥 그곳의 주소와 전화번호만을 적어주었지만, 딱히 갈데를 정해놓지 않고 빈둥거리던 나는 '아주 특별한 장소'라는 말만 믿고 그곳으로 가기로 작정을 했다. 먼저 전화를 걸어 숙박비를 물었다. 카오산에서 내가 묵던 꼬질꼬질한 게스트하우스보다 훨씬 쌌다. 당장에 짐을 챙겨 그곳으로 향했다. 파타야의 외곽에 있어 방콕에서

어떤 날

가까웠고 가는 길도 간단했다. 무엇보다 기대하지 않았던 사람이 얻는 의외의 선물이라 하기에는 완벽하게 고풍스러웠고 우아했다. 달콤하고 엉큼한 속물이 되어 며칠간을 행복하게 지냈다.

이후로 나는 여름마다 바닷가로 '오직 사치를 위한' 휴가를 떠난다. 어떤 여름은 오지를 탐험하거나 유적지의 땡볕 아래를 거닐고 있기도 했지만, 그런 중에도 그곳에서 또다른 곳으로 훌쩍 며칠간의 바캉스를 다녀오고는 했다. 오지를 한 달 이상 거지의 몰골로 헤매다보면, 욕조가 있는 숙소가 그립게 마련이고, 그 욕조의 뜨거운 물속에서 몸을 불려 한국 사람의 본성에 맞게 이태리타월로 때를 밀 수가 있으니 현실적으로도 꼭 필요했다.

베트남을 오토바이로 종주하겠다는 욕심을 내며 돌아다닐 때였다. 무작정 여행사를 찾아갔다. 여행사에 비치된 카탈로그들을 샅샅이 살폈다. 여행사에서 제공하는 심야버스를 타고 무이네로 떠났다. 이른 아침에 버스는 나를 리조트의 입구에 내려주었다. 닷새 동안 무이네에 머물렀다. 자전거로 무이네의 어촌마을을 한 바퀴 돌며 시골사람들이 사는 모습을 구경하는 데에 단 하루를 썼고 내내 내 방에서 뒹굴기만 했다. 내 방 테라스로부터 연결된 풀장에서 첨벙거리는 일, 숙소에서 준비해주는 디너 파티에 참석하는 일, 밤마다 바에서 보여 주는 쇼를 구경하는 일, 리조트 안에서 시간을 다 썼다. 나 혼자 즐기 는 이 모든 우아하고 낭만적인 것들을 다른 이들은 커플들이 오손도 손 즐기고 있었다는 점을 제외하면, 그래서 그들을 흘낏거리며 쳐다 보지 않으려고 무던히도 애를 써야 했던 점을 제외하면, 실은 그게 참으로 어색하고 민망한 일이었다는 점을 제외하면 그럭저럭 행복 했다. 무엇보다 길다란 베트남을 종주하겠다며 고생을 사서 했던, 모 든 피로를 말끔하게 벗어낼 수 있었다. 다만, 다시는 그런 럭셔리한 장소는 혼자서는 가지 말자고 마음먹었다.

마음먹은 일을 모두 실천하지 못하는 것은, 실천할 능력이 부족해서 가 아니라 무엇을 마음먹었는지를 새까맣게 잊어버리기 때문이라는 걸 알게 된 건, 필리핀의 어떤 섬으로 휴가를 떠났을 때의 일이다. 단 지 나는 짧게 다녀올 여행지를 고르고 있었고 멀지 않은 곳이기를 바 랐다. 기왕이면 바다가 있었으면 했고 관광객들이 들끓지 않는 아주 조용한 곳이었으면 했다. 그렇게 해서 내가 찾아간 곳은 필리핀의 다 바오에서 배를 타고 들어가야 하는 섬이었다. 필리핀의 전통 수상가

어떤 날

옥으로 한 채 한 채가 지어진, 아주 아담한 그 숙소에는 내가 원하는 모든 것이 있었다. 깨끗한 바다와 간단한 스노클링으로도 만날 수 있는 알록달록한 열대어들, 매일매일 산해진미가 차려지는 레스토랑, 매일 저녁 식사와 함께 펼쳐진 재미있고 어설픈 민속공연, 파도소리가 귓전에서 들리는 방, 방에서 내다보는 아무도 없는 바다, 열대우림의 산책로, 조용함. 그리고 나른함. 그리고 평화로움. 낙원이었다. 연인들의 간지러운 웃음소리가 들려오거나 살가운 스킨십이 목격되는 일을 제외하고서, 모든 것이 좋았다. 왜 모든 아름다운 해변은 연인들을 위한 장소가 되어 있는지에 대해 불만을 품으며, 혼자 조용히 올 곳은 아니지만 언젠가 누군가를 데리고 올 수 있다면 꼭 다시 와보고 싶다는 희망으로 불만을 잠재웠다.

터키를 여행할 때였다. 고단하다 싶으면 그리스행 배를 탔다. 산토리니도 갔고, 코스 섬도 갔고, 로도스 섬에도 갔고, 크레타 섬에도 갔다. 휴가를 그리스로 떠나기 위해 터키에서 일부러 고생을 자처하고 있었는지도 몰랐다. 터키에서 그리스로 떠났다가, 다시 터키로 돌아오는 일을 반복했다. 그때의 내겐 그리스의 섬들은 휴양지였고, 터키는 고향이었다. 그리스에서는 해변에서 바캉스 기분을 내며 지냈고, 터키에서는 생활을 했다. 그리스에서는 시를 쓰지 않았고 터키에서는 시를 썼다. 그리스에서는 좋은 레스토랑을 찾아다녔고 터키에서는 저렴한 식당을 찾아다녔다. 같은 타지였지만, 두 달 넘는 여행을 하는 내게 있어, 그런 구분은 매주 매주 나를 새로운 여행자가 되도록 해주었다. 출국과 입국을 번갈아 하면서 여권에 도장을 받을 때마다 또 한번의 이방인이 되는, 이방인의 이방인이 되는 즐거움을 누렸다.

즐거웠지만, 그때 나는 이상한 허망함에 사로잡혀 있었다. 심장도 뇌도 없는 사람처럼 멍청이가 되어가고 있었다. 마음이 없는 사람처럼 건조해져갔다. 심심함이 지나치면 그게 곧 고독이 되고, 고독을 독대하고 있으면 그리움이 찾아오고, 그리움에 사로잡혀 있으면 기우뚱하며 내가 어딘가로 치우쳐져 글 쓸 맛이 나곤 했는데. 그때는 고독이 찾아와도, 고독에 물을 타 희석해버린 고독. 그리움과 연결되는 찰진 고독이 아니라 푸석푸석한 고독뿐이었다. 일기를 쓰기 위해 공책을 펴도 햇볕이 좋다는 둥, 에게 해가 보인다는 둥, 몇 줄을 적고 나면 더 할 말이 없었다. 거울을 보면 슬픔도 근심도 말끔히 사라져, 태평한 얼굴을 하고 있었다. 바라던 것이었으나, 어쩐지 바라던 게 아닌 것만 같았다. 안온하되 허전한 상태. 그 허전이 몹시 난감한 상태. 좋은 주인을 만난 팔자 좋은 애완견처럼, 나는 소파에 심드렁하게 누워 바다를 바라보다 벌떡 일어나 앉았다. 그토록 바라던 한가함을 얻었고 이토록 태평한데, 왜 헛헛해하는지에 골똘하다가 그만 불안해져버렸다. 그 많던 슬픔이 사라진 자리에서 나는 하필, 질 좋은 상태의 평화가 아니라 푸석푸석해진 평화와 만나버리게 된 거였다. 단지 슬픔이 말라버려 보송보송해진 것이었을지는 몰라도, 그때 나는 나를 잃어버린 것 같기도 하고 영혼을 잃어버린 것 같기도 해서 무서웠다. 한 줌의 슬픔조차 남지 않아 공허했고 그게 몹시도 불편했다. 슬픔이라는 액체 속에 뿌리를 푹 파묻고 수천 년을 살아온 수생생물처럼, 슬픔이 사라진 자리에서 갑자기 시들고 고사하는 느낌이 들었다.

손빨래를 하고 테라스에 빨래를 널고 있었을 때에, 눈앞에 펼쳐진 에게 해로 해가 지고 있었다. 이 보송보송한 여름 땡볕이 서서히 서늘해지는 시간을 바라보며 나도 모르게 '아, 좋다' 하고 혼잣말을 했다. 나는 시드는데, 그런 내가 자꾸 '아, 좋다'라며 혼잣말을 하고 있었다. 테라스 의자에 앉아 시를 썼다. 옆방을 쓰는 남자애들이 테라스에 나와 있다가 나를 불렀다. 같이 바다로 나가서 놀자고 졸랐다. 노을이

지는 바다에서 수영을 해야 한다며. 나는 이것만 끝내고 그러겠다고
했다. 그들은 휴가를 와서 왜 일을 하냐며, 일중독자라고 나를 놀렸
다. 그러게. 휴가를 와서 나는 지금 뭘 하는 거지.

잘 지내요,
그래서 슬픔이 말라가요

내가 하는 말을
나 혼자 듣고 지냅니다
아 좋다, 같은 말을 내가 하고
나 혼자 듣습니다

내일이 문 바깥에 도착한 지 오래 되었어요
그늘에 앉아 긴 혀를 빼물고 하루를 보내는 개처럼
내일의 냄새를 모르는 척합니다.

어떤 날

잘 지내는 걸까 궁금한 사람 하나 없이
내일의 날씨를 염려한 적도 없이

오후 내내 쌓아둔 모래성이
파도에 서서히 붕괴되는 걸 바라보았고
허리가 굽은 노인이 아코디언을 켜는 걸 한참 들었어요
죽음을 기다리며 풀밭에 앉아 있는 나비에게
빠삐용, 이라고 혼잣말을 하는 남자애를 보았어요

꿈속에선 자꾸
어린 내가 죄를 짓는답니다
잠에서 깨어난 아침마다
검은 연민이 몸을 뒤척여 죄를 통과합니다
바람이 통과하는 빨래들처럼
슬픔이 말라갑니다

잘 지내냐는 안부는 안 듣고 싶어요
안부가 슬픔을 깨울 테니까요

슬픔은 또다시 나를 살아 있게 할 테니까요

검게 익은 자두를 베어 물 때
손목을 타고 다디단 진물이 흘러내릴 때
아 맛있다, 라고 내가 말하고
나 혼자 들어요

-「그래서」

아무리 아무리 선크림을 발라도 해결할 수 없었던 불볕 덕분에, 나는 까만 사람이 된 채로 집으로 돌아왔다.

너는 어떻게 되고 싶어?
이젠 누가 묻지도 않는데, 이 질문에 대한 대답을 신중하게 궁리하던 때가 있었다. 이래저래 많은 단어들을 찾아서, 내가 되고 싶은 그것에 근접한 것들을 뒤져보았다. 가장 마음에 드는 단어는 '건달'이었다. 마를 건乾. 도달할 달達. '건'에 도달하기. 한자를 들여다보고 있으면 깊고 표표했다. 게다가, 이 낱말은 원래 불교용어였다고 한다.

건달바乾達婆. 음악을 맡은 신으로서, 향만을 먹으며 허공을 날아다녔다고 한다. 인도에서는 악사나 배우를 부르는 말로 쓰였다고도 한다. 이 정도의 뜻이라면 장차의 소망으로 마음에 품고 있기에 딱 좋았다. 그러나 때가 너무 많이 타버려 이 멋진 낱말을 내가 적절한 때에 구사를 한다 해도 듣는 사람에겐 전혀 멋질 리가 없었다. 다시 단어를 찾아 헤맸다. 그러다 발견한 말은 바쿠우스vacuus. '비어 있다'는 뜻의 라틴어였다. blank 혹은 empty에 해당하는 말이었다. 나는 내 멋대로 '호모 바쿠우스'라는 말을 발명했다. 비워져 있는 사람. 그 어떤 의미 부여도 할 수 없는 괄호의 사람. 정말로 그렇게 살아가고 싶다. 이따금 무언가로 내 대명사를 채우려들 때마다, 나는 호모 바쿠우스야, 하고 되뇐다. '바쿠우스'는 우리가 흔히 쓰는 '바캉스(프랑스어 vacance)'의 어원이기도 하단다. 그러니, 어떤 면에서 호모 바쿠우스라는 내 삶의 모토는 바캉스적 인간이라는 뜻이 이미 포함된 셈이다. 이제 친구 덕분에 나의 '호모 바쿠우스'란 전문용어에는 '분수에 넘치고자 하는 태도의 사람, 즉, 엉큼한 사람'이란 뜻이 첨가가 되었다.

김소연 / 1967년 경주에서 태어났다. 시집 『극에 달하다』와 『빛들의 피곤이 밤을 끌어당긴다』 『눈물이라는 뼈』 산문집 『마음사전』과 『시옷의 세계』 등이 있다. 제10회 노작문학상과 제57회 현대문학상을 수상했다.

어떤 날

비워져 있는 사람.

그 어떤 의미 부여도 할 수 없는 괄호의 사람.

정말로 그렇게 살아가고 싶다.

가까이,
더 가까이

-17세 뮤지션 다람의 브뤼셀 일기

글, 사진 | 다람

어떤 날

며칠째 제대로 잠들지 못했다. 끝이 없는 학교 과제에 시달리고 있다. 새빨간 토끼눈을 한 나를 보며, 방 한편의 시계는 '어서 자, 잠들지 못한지 오래야'라고 똑딱똑딱 말을 건넨다. 커피 자국이 동그랗게 남은 머그컵을 들이켰다. 커피인지 물인지 그 맛을 구분하기 어렵다. 혀에 커피믹스를 새겨 넣은 듯 벗겨지지 않는 텁텁한 단맛이 알려주는 시간의 흐름. 카페인 성분은 머리를 나쁘게 만든다던데, 공부를 더 하려고 커피를 마시다니……. 투덜거리며 짜증과 피곤함에 뒤엉켜 구불거리는 글씨체로 과제의 마지막 문단을 끝냈다.

마침표를 찍고 슬금슬금 침대 끝에 걸터앉아 벽에 기대는 순간, 머리 위에서 작은 북을 통통 치는 듯한 소리가 들려왔다. 그냥 귀를 틀어막으려다, 혹시 지붕이 무너져내리는 건 아닐까 하는 바보 같은 생각에 커튼을 걷어냈다. 우박이었다. 창문 너머로 새끼손톱만한 우박들이 내리고 있었다. 온종일 가려졌던 창문 너머엔, 너무나도 아름다운 날씨가 춤을 추고 있었다.

골목의 가로등 불은 켜진 지 오래. 하늘은 그 불빛보다 더 밝고 오묘한 빛으로 물들어 있었다. 그 위로 떨어지는 우박은 때론 투명하게 반짝이고 때론 하얗게 빛났다. 창문을 열어볼까 말까, 열어볼까 말까. 수많은 망설임을 견뎌냈다. 애써 놀라움과 설렘을 뒤에 감추고, 아무렇지 않은 척 창밖을 응시했다. 그렇게 참고 참다가, 옆집 꼬마아이가 우비를 입고 마당으로 뛰쳐나오는 모습을 본 순간, 창문을 벌컥 열고 말았다.

순간, 방 안에 우박과 빗물의 냄새가 스며들었다. 아름다운 하늘 빛도 무지개가 될 채비를 마치고 방으로 쏟아졌다. 사막의 모래처럼 말라 있던 두 눈이 멋진 풍경을 느끼며 천천히 젖어 들어갔다.

역시 이곳의 하늘은 나를 기쁘게 하는 방법을 아는구나.
이런 기분으론 잠들 수 없을 것 같아, 라고 나도 모르게 중얼거렸다.

"날씨 때문이겠지."

브뤼셀에 살게 된 후부터 버릇처럼 하는 말이다.
날씨 때문에 아프고, 날씨 때문에 음악을 듣고, 날씨 때문에 누군가가 생각나겠지. 어떤 날은 런던보다 많은 비가 올 것이다. 어떤 날은 한여름 콩코드 광장보다 눈부신 햇살이 내리쬘 것이다. 계절이 바뀌고, 하루가 저무는, 그 반복의 순환고리에서 절대 예측할 수 없는 내일의 날씨. 변덕스럽기 그지없는 브뤼셀의 날씨는 나를 한없이 우울하게 만들고 한없이 즐겁게 만든다. 매일 창밖에서 새로운 하늘과 새로운 바람이 내게 말을 걸어온다.

보이지도 않고, 만질 수도 없는 것들이 자꾸만 가슴에 와 닿는다.

어떤 날

브뤼셀은 햇살이 귀한 도시다. 아침에 눈을 떴을 때, 창문을 가리는 커튼 사이로 한줄기 햇살이 쏟아져 내린다면, 토요일 또는 일요일이거나 수업이 없는 날이면 나는 벌떡 일어나 다짜고짜 계획을 세운다. 저 햇살 속으로 섞여 들어가 보자! 한 달에 한 번 꼴로 찾아오는 귀한 이 하루는 입시를 앞둔 고등학생이 누릴 수 있는 최고의 휴일이다.

낯익은 낯섦. 자주 찾는 곳이지만 늘 다른 기분을 느낄 수 있는 곳들. 그랑플라스 한가운데의 잔디밭도 좋고, 브뤼셀 공원의 네모난 잔디밭도 좋다. 작은 동네 공원이나 학교 뒤 조용한 숲의 공터, 브뤼셀 외곽을 둘러싼 숲의 진입로에 펼쳐진 넓은 꽃밭도 좋다. 바삭바삭한 소리를 내는 잔디밭에 오롯이 누워, 강아지와 아이들의 경쾌한 움직임과 아름다운 연인들과 가족들의 말소리를 땅의 울림으로 느낀다. 멀리서 꼬마아이가 뜀박질을 하고, 잔디밭 옆으로 말이 따그닥따그닥 지나가면, 내가 누워 있는 땅 밑에서도 새의 심장이 두근대듯 작은 울림이 느껴진다. 귀에 꽂은 이어폰에서는 그날만을 위해 선곡한 플레이리스트가 땅속 울림에 맞춰 느리게 느리게 흐른다.
그렇게 다른 사람들의 시간을 엿듣고, 또 엿보다가 배가 고파지면 준비해온 샌드위치를 꺼내어 먹거나 호수의 작은 새들에게 나눠준다. 노랫말이 떠오르면 노트를 꺼내 적어두거나 풍경이나 지나가는 사람들을 그려본다. 별 것 아닌 작은 일이지만 너무도 즐겁다. 인터넷으로 웹툰을 보거나, 친구와 통화를 하거나, 예능 프로그램을 보는 것보다 '쉬고 있다'라는 마음이 든다.

어떤 날

작년 봄. 날씨가 유난히 좋았던 봄날 거리에는 사람들로 가득했다. 여우비같이 중간중간 빗방울이 떨어졌지만, 사람들은 아랑곳하지 않고 각자의 시간을 만끽하고 있었다. 모두 자연스러워 보였고, 자유로워 보였다. 나는 자전거를 타고 느릿느릿 산책로를 가르다 공원 한편에서 기타를 연주하는 프랑스 할아버지를 만났다. 할아버지는 가로수 나무 아래 벤치에 앉아, 기타 교본에 나올 법한 바른 자세로 나무 그림이 새겨진 클래식 기타로 이름 모를 샹송을 연주하고 계셨다. 멋진 연주가 끝나고, 나는 옆에 펼쳐진 기타 케이스에 아이스크림을 사 먹으려고 챙겨 나온 잔돈을 넣었다. 할아버지는 껄껄 웃으시며 동전을 내 손에 다시 쥐어주시며 불어로 말을 건네셨다. 불어로 덥석 대답할 수 있었다면 얼마나 좋았을까. 나는 쭈뼛거리며 '죄송하지만 영어를 하실 수 있으세요?'라고 말했다. 할아버지는 또다시 웃으시며 불어식 영어 발음으로 '오브 콜스 아이 캔, 컴 히어 마담!'이라고 반갑게 대해주셨다.

할아버지는 여행자셨다. 프랑스에서 출발해 서유럽을 돌아 마지막 나라로 벨기에로 오셨다고 하셨다. 며칠 전 브뤼셀 벼룩시장에서 빈티지 기타를 구입하신 얘기, 사람들을 위해서가 아니라 당신만의 휴일을 위해 연주하고 계셨다는 얘기도 들려주셨다. 여행자가 아닌, 생활자가 되어 그곳의 이야기를 듣는 것이 목적이라는 할아버지의 눈빛은 어린아이처럼 순수하고 맑았다. 헤어질 무렵, 할아버지는 이런 말씀을 들려주셨다.

'다람, 가까이 가야 해. 그곳이 무슨 이야기를 하고 싶어 하는지 들으려면 말이야. 우리는 작은 속삭임을 쉽게 지나치곤 하지. 그곳이 너에게만 들려주는 이야기를 들어봐. 그 순간, 네가 서 있는 그곳이 정말 눈부시다고 느끼게 될 거야.'

고개를 끄덕였다. 마음을 두근거리게 하는 멋진 말이었다.
할아버지의 말씀은 방 안에 머무는 것을 좋아하는 나라는 아이를 여행을 사랑하는 아이로 만들어주었다. 그날 이후, 나는 만나는 사람들마다 '당신이 있는 그곳은 어떤 이야기를 속삭이고 있나요?'라고 묻게 되었다.
트램 앞좌석 예쁜 언니의 하루는, 터져버린 풍선에 울음을 터뜨린 아이의 하루는, 와플 카에서 와플을 굽고 있는 인상 좋은 아주머니의 하루는, 미술관 앞에서 강아지와 함께 비눗방울 공연을 하고 있는 아저씨의 하루는, 너의 하루는 그리고 나의 하루는. 모두 어떤 이야기를 속삭이고 있을까.

나는 아직 많이 어리고, 많이 약하다.
조금씩 변해가는 내 모습과 주위 환경은 나를 혼란스럽게 만든다.
하지만 그때마다 이렇게 생각하기로 했다.
내 마음이 아직 머물 곳이 없기에 작은 물결에도
멀리 항해할 수 있는 거라고.

어떤 날

당신만의 휴일을 즐기기 위해 기타를 연주하시던 할아버지를 만난 이후, 나는 날씨가 허락할 때마다 집을 나서는 아이가 되었다. 하루하루, 조금씩 걷다 보면 내가 찾는 것을 발견하게 될 거라는 믿음을 갖게 된 것이다.

오늘도 브뤼셀에는 해가 떴다. 일어나자마자 창문에 코를 바짝 붙이고 날씨를 확인했다. 마그리트 그림 속 하늘처럼 새파란 하늘에 흰 구름이 떠 있다. 구름 사이로 적당한 햇빛이 보인다. 걷기 좋은 날이다. 아, 기말시험도 끝났구나. 그래서 나는, 또다시 날씨를 핑계삼아 짧은 하루 여행을 떠나려 한다. 오늘도 나만이 느낄 수 있는 것을 마음에 가득 담게 되기를 소망한다. 마음 한편에 아름다운 것들을 담아온다면, 그것 또한 날씨 덕분이겠지. 내가 날씨를 믿고 떠나왔기 때문이겠지!

다람(daram) / 1996년 서울에서 태어났다. 벨기에 브뤼셀에서 고등학교에 재학중이다. 〈Where to go〉〈Daydreaming〉〈산들산들〉 능의 싱글앨범을 발매했다. www.facebook.com/Darammusic

어떤 날

가까이 가야 해.

그곳이 무슨 이야기를 하고 싶어 하는지 들으려면 말이야.

우리는 작은 속삭임을 쉽게 지나치곤 하지.

그곳이 너에게만 들려주는 이야기를 들어봐.

그 순간, 네가 서 있는 그곳이 정말 눈부시다고 느끼게 될 거야.

보이지 않는
도둑이 훔쳐간 것들

글, 사진 | 박연준

어떤 날

어제와 같은 시간에 알람이 울린다. 오전 7시 10분. 핸드폰을 손으로 덮어 소리를 죽인 후, 알람을 끈다. 나와 함께 방을 쓰고 있는 무생물들(침대, 화장대, 액자, 쿠션, 시계, 슬리퍼 등)은 아직 눈치 채지 못했나보다. 나를 둘러싼 공기가 달라졌다는 사실을!

무슨 말인가 하면 오늘부터 나는 7시 10분에 일어나 눈을 뜨려고 노력하면서 이를 닦고, 세수를 하고, 거울 앞에서 입을 옷이 없다고 투덜거리다 아무거나 걸쳐 입고 서둘러 밖으로 뛰쳐나가지 않아도 된다는 말이다. 왜냐하면 지금 나는 휴가, 그것도 완전한 휴가를 받았기 때문이다. '완전한'이란 수식을 붙인 이유는 내가 백수가 되었기 때문이다.

백수라니! 빈손을 앞뒤로 흔들며, 심심한 표정으로 동네를 어슬렁거릴 수 있는 특권을 가진 자가 아닌가?

백수 생활은 '넘쳐나는 시간에 대해 낭황하는 일'에서부터 시작한다. 마침 밖에는 비가 한창이고, 출근할 필요가 없는 나는 이 사실에 다시 한번 만족하며 누워서 빗소리를 듣는다. 제법 거센 빗소리는 오래전 정규방송이 끝난 TV에서 '지지직' 하고 나오던 잡음 소리와 좀 닮았다. 느긋하게 누워 그 시절로 돌아가본다. 텔레비전을 보다 잠이 드신 할아버지의 구부정한 등이 프로그램이 끝난 텔레비전에서 나오는 잡음 소리와 엉켜 묘한 분위기를 풍기던 방.

잠에서 깬 나는 이 풍경을 '새벽의 쓸쓸한 얼룩'이라 생각하며, 뒤척이다 잠들었을 것이다. 여유로운 시간은 내가 잊고 지낸 옛날 풍경을 떠올릴 기회를 준다. 어린 나와 열심히 늙고 있는 나 사이의 간극에 대해 생각하며, 이제는 없는 할아버지를 추억하며 아침을 맞는다. 백수가 되니 많은 건 시간이요, 늘어나는 건 생각이구나. 나쁘지 않다.

실로 오랜만에 찾아온 백수 생활이 즐거운 것은 이 시간이야말로 진정한 나와 마주할 수 있는 시간이기 때문이다. 물론 곧 도래할 카드 결제일과 기타 경제적 여건이 걱정되지 않는 것은 아니다. 하지만 실업급여와 퇴직금으로 몇 달은 버틸 수 있을 테니까. 무엇보다 시간이 많으니 마음만은 부유하게 느껴지니까. 괜찮다.

그러고 보니 살면서 제대로 쉬어본 적이 없는 것 같다. 성인이 된 후 잡다한 아르바이트나 회사 생활, 먹고 사는 일에 얽매여 휴가를 누리며 삶을 돌아볼 여력이 없었다. 어쩌다 일을 잠깐 쉬게 되어 시간이 생겨도 다른 일자리를 알아봐야 한다는 조급한 생각에 주어진 시간을 그대로 놓치기 일쑤였다. 우연히 한 다발의 돈을 얻은 가난뱅이가 돈 쓰는 방법을 몰라 우물쭈물하다가 지나가는 좀도둑에게 돈을 몽땅 빼앗긴 꼴과 같았다.
내가 도둑맞은 게 어디 이뿐인가? 내 2013년의 시작은 어디로 갔을까? 호기로운 다짐들, 신나게 계획했던 여행들은? 나이가 들수록 오늘이 어제 같고, 올해가 지난해와 크게 다르지 않음을 자각하게 된다. 어제와 오늘이 완전히 새로운 날이란 사실, 오늘은 내가 '생전 처음 겪는 하루'란 사실을 잊고 산다. 어떻게 이런 자명한 사실을 눈뜬장님처럼 못 보고 살았을까?

어떤 날

이십대 때는 언제나 세상에 화가 나 있었고, 생활고에 시달렸다. 좀처럼 마음의 여유를 가질 수 없었다. 부모님은 작아 보였고, 내가 구해줘야 할 슬픈 물고기들 같았다. 어떤 일이든 가리지 않고 했고, 살아보려고 버둥거렸다. 그러다 밤이 되면 혼자 작은 방으로 돌아와 책을 읽고, 엎드려 시를 썼다. 이유 없이 위축됐고 늘 시간에 쫓겼다. 너그러움과 미소를 잃었고, 오랫동안 피로했다. 친구를 만나면 입버릇처럼 한 달만 푹 쉬었으면, 아니 단 일주일이라도 쉬었으면 좋겠다고 토로했다. 그렇게 시간이 주어진다면 나는 아무것도 하지 않고 그냥 빈둥거리며 쉴 거라고, 심심하다는 얘기를 하루에 열두 번쯤 하며, 공들여 쉴 거라고 말이다. 그런데 그놈에 쉴 수 있는 날들, 온전한 휴가를 갖기까지 뭐가 이리도 힘들었을까?

우리나라 대부분의 중소기업은 대략 일주일 정도 주어지는 여름휴가와 몇 번의 월차를 제외하고는 휴가다운 휴가에 매우 인색한 편이다. 그나마 회사 사정으로 여름휴가를 반납해야 하는 사람들도 많다. 수당도 없이 정규노동시간 외에 야간 근무를 해야 하는 회사원들도 많이 봤다. 도대체 쉬지도 않고 열심히 일하는데, 고생하는 사람들의 임금은 왜 이리도 작은 것이며, 국민들의 행복지수는 왜 이렇게 형편없이 낮은 것일까? 어린 학생들은 커서 열심히 야근하고, 더 각박하게 살기 위해 학원에 가 영어 단어를 외워야 하는 것일까? 왜 아무도 어린이들에게 행복해지는 방법 따위는 제대로 가르치지 않고, 어른들의 잣대에서 훌륭한 사람이 되는 방법만 가르치는 것일까? 버스나 지하철에서 마주하는 사람들은 왜 좀처럼 미간을 펴고 미소를 짓지 못할까? 왜 한결같이 지친 표정으로 이어폰을 긴 채 스마트폰 액정화면만 뚫어지게 바라보고 있는 것일까?

어떤 날

우리 사회가 쉬고 싶은 사람들, 휴가가 필요한 사람들에게 너그럽지 못한 것은 분명하다. 나는 언제나 이런 게 불만이었다. 실연한 사람들을 위해 필요한 '실연극복휴가', 삶에 대해 깊은 권태에 빠진 사람들을 위한 '생기충전휴가', 계절을 심하게 타는 사람들의 부유하는 마음을 잡아줄 '심신안정휴가' 등은 왜 없는 걸까? 이런 휴가가 있다면 일하는 사람들의 작업 능률도 향상될 수 있을뿐더러 사회가 더 건강해질 수 있을 텐데 말이다. 물론 전국의 사장님들이 들으면 콧김을 내뿜으며, 화를 내기 십상이겠지만.

용가리처럼 숨도 쉬지 않고, 열변을 늘어놓은 것 같은데, 내 생각은 그렇다. 지나치게 각박하다는 것이다. 쉼과 여유가 없으니 배려와 인정도 없다.

보이지 않는 도둑에게서 빼앗긴 소중한 것들을 찾아오기 위해 휴가가 절실히 필요하다. 무얼 도둑맞았냐고? 우선 내 주위에 '바쁘지 않은 사람들'을 도둑맞았다. 한가하게 미소를 지으며 '공원에서 얘기 좀 할까요'라고 제안하는 사람들을 찾아보기가 힘들다. 모두들 입버릇처럼 바쁘다고 말한다. 바쁘지 않으면 도태되는 것처럼 말이다. 자기 일에 열심이어서 바쁜 것이 꼭 나쁜 것은 아니지만, 지나치게 바쁜 일정 때문에 지불해야 할 기회비용이 적지 않다. 바쁘기 때문에 사랑하는 사람들과 얘기하고 웃을 기회가 줄고, 하늘의 기류를 살피거나 어제 오늘 달라지는 나뭇잎의 색깔을 알아챌 기회를 잃는다. 산책을 하다 마음에 드는 카페에 들어가 커피를 마시며 누군가를 떠올릴 기회도 줄고, 옆 사람에게 엉뚱한 장난을 친 후 배를 잡고 웃는 기쁨도 줄어든다. 행복과 유머는 바쁜 시간 속으로 휘말려 사라진다. 대신 다섯 마리의 두꺼비들을 어깨 위에 올린 것처럼 묵직한 삶의 무게를 느끼며, 단단한 승모근육이나 주무르며 오늘을 마감하게 되는 것이다.

가능한 '편하게 일할 수 있는 직장, 돈 잘 버는 직장'을 찾으려고 인생의 대부분을 투자하는 많은 사람들이 그 노력의 절반만이라도 '잘 쉬는 방법, 기분이 행복해지는 방법, 시간을 행복하게 쓰는 방법'을 찾는 데 쏟는다면 좋을 텐데.

그런데 잘 쉬는 것은 잘 사는 것만큼 어렵다. 요가 수련 동작 중에 사바사나 Savasana라는 것이 있는데, 'sava'란 송장을 뜻한다. 이 자세는 송장처럼 되는 것이 목적이다. 대개 50분 동안 동적인 아사나를 수련한 후, 마지막 10분 동안 사바사나를 취하며 쉬는데, 지도 선생님 말씀이 이 사바사나를 하기 위해 앞에서 열심히 땀 흘린 것이라고 한다. 팔과 다리에 힘을 빼고 송장처럼 누워 무심히 쉬는 동작인데, 의외로 이 동작이 정말 어렵다. 살아서 '송장되기'를 체험하는 것이니 불가능에 대한 도전이라고 봐야 하나? 아무튼 나는 사바사나를 수련할 때마다 잘 쉬려고 애를 쓴다. 정확히 말하자면 잘 쉬기 위해 욕심을 부리는 건데, 그러다 보면 '의지'가 생기고, 심지어 의지가 '욕망'으로 변질되어 몸과 마음에 힘이 들어간다. 결국 제대로 쉬지도 못하고 요가 수련을 마치게 되는 경우가 많다.

고심 끝에 어느 날은 마음을 비우고, 송장되기를 아예 포기한 채 들려오는 음악에나 집중했다. 상상력을 동원해 음악에 양감을 불어넣은 후 소리가 내 몸 곳곳을 지나가는 것을 상상했다(참, 나도 별짓을 다 한다).

인도 풍의 신비한 음악이 내 무릎에 도착한다. 둥그렇고 가볍고 푸른 음악이 핏속을 흘러 허벅지 위에서 미끄러지고 음부에 잠시 고였다가 넓게 퍼진다. 아랫배를 스치고, 둥근 가슴에 도착한다. 얼굴 가까이로 음악을 끌어올리고는 다시 아래로 내려 보낸다. 천천히 반복하다 발끝에 둥그런 음악이 맺힐 즈음 "손가락과 발가락을 꼼지락거리며 몸을 깨우세요"라고 지시하는 지도 선생님의 목소리에 음악을 놓아준다.

그 순간, 음악과 한 몸이 되었다 깨어난 순간에 진심으로 행복을 느꼈다. 평안함이 주는 기쁨. 몸이 마음과 완전히 하나가 되어, 충일감으로 터질 것 같은 기분이 들었다. 왠지 모르게 눈물이 맺히기도 했는데, 창피해서 얼른 눈물을 닦았다. 내가 정말 송장이 되었던 건지는 모르겠으나, 심신을 완전히 믿고 놓아준 것만은 분명하다. 이 경험으로 나는 잘 쉬는 것이 얼마나 우리에게 행복을 주는지, 몸을 덥고 충만하게 만드는지 알게 되었다.

휴가는 행복을 더이상 유예시키지 않아도 되며, 지금 이 순간을 오로지 나를 위해 살아도 된다는 허락이다. 나의 오늘이 어제와 분명히 다름을 선언하고, 비로소 내 의지대로 주어진 시간을 사용할 수 있게 되는 것이다. 이 단순한 사실이 얼마나 감동적으로 다가오는지 백수가 되어보니 알겠다. 더이상 보이지 않는 도둑에게 귀한 것들을 빼앗긴 채 찡그리고 살 순 없다. 휴가는 '인생'이란 큰 덩어리에 갈라진 틈, 어떤 '사이'에 도착하는 것이다. '사이'에서 우리는 어떤 목적의식 없이 순간 속에 자연스럽게 머물거나 스밀 수 있다. 쉬자. 주먹을 펴고, 욕심과 걱정에서 놓여나자. 나는 가벼워지고 내 삶은 더 말랑하고 행복해지리라.

치열하게 흐르는 삶. 거센 물결 속에 작고 반짝이는 징검다리가 놓여 있다. 운이 좋은 사람, 눈 밝은 사람만이 이 징검다리를 발견하고는 천천히, 맛있게 건너갈 것이다. 모두에게 그런 행운이, 가능한 많이, 가능한 자주 있기를.

박연준 / 시인. 1980년 서울 출생. 2004년 동덕여대 문예창작과를 졸업했고, 같은 해 중앙신인문학상으로 등단했다. 시집 『속눈썹이 지르는 비명』 『아버지는 나를 처제, 하고 불렀다』가 있다.

나이가 들수록 오늘이 어제 같고,

올해가 지난해와 크게 다르지 않음을 자각하게 된다.

어제와 오늘이 완전히 새로운 날이란 사실,

오늘은 내가 '생전 처음 겪는 하루'란 사실을 잊고 산다.

어떻게 이런 자명한 사실을 눈뜬장님처럼 못 보고 살았을까?

어떤 날

암스테르담에 갔다, We are on vacation

글, 사진 | 북노마드 편집부

어떤 날

암스테르담 중앙역

어떤 날

반 고흐 미술관   국립미술관

나는 열심히 교육教育하고 학습學習하는 미술관이 아닌 자습自習하고 자각自覺하는 미술관이 많아져야 한다고 생각한다. 그래서 유명한 예술가들을 만나러 갔다가 결국은 자기를 찾고 돌아오는 보람된 귀로의 복福을 많은 사람들이 누렸으면 한다.

– 이건수 지음, 『editorial』 중에서

국립미술관 Rijksmuseum

1885년 개관한 국립미술관은 렘브란트와 베르메르의 공간이라고 해도 지나치지 않다. 17세기 네덜란드의 황금시대를 대표하는 두 거장의 작품 앞은 언제나 인산인해. 머리로 생각했던 것보다, 화집에서 보았던 것보다 몇 곱절 거대한 렘브란트의 〈야간 경비Night Watch〉는 꽃 중의 꽃. 네덜란드 건축가 P. 카이퍼스Pierre Cuypers가 설계했다.

Jan Luijkenstraat, www.rijksmuseum.nl

반 고흐 미술관 Van Gogh Museum

암스테르담 여행지 중 최고로 꼽히는 곳. 2013년 4월 25일 개보수 작업을 마치고 재개관해 더욱 많은 사람들이 찾고 있다. 유화 200점, 소묘 500점, 동생 테오와 나눈 700통의 편지 등 고흐 컬렉션의 기준으로 불리기에 손색이 없다. 〈자화상〉〈해바라기〉〈노란 집〉〈감자 먹는 사람들〉 등 대표작은 물론 독학으로 미술을 공부하며 자신의 스타일을 찾기 위해 분투했던 고흐의 삶의 흔적이 관람객을 숙연케 한다.

Amstel 51, www.vangoghmuseum.nl

어떤 날

ZOON VAN HARMEN

뉴 메트로폴리스 NEMO

'에이만'이라는 해저 터널 입구에 자리한 배 모양의 '네모'는 건축가 렌조 피아노가 설계한 체험 과학박물관이다. 중앙도서관 바로 옆에 자리했다고 보면 된다. 나 홀로 여행자라면 기울어진 갑판 모양의 옥상 테라스로 올라가 암스테르담 시내를 조망하고 돌아오면 충분한 곳.

암스테르담은 독일, 영국, 프랑스 등 유럽의 다른 나라에 비해 현대미술의 영향력이 작은 도시로 여겨진다. 하지만 이는 '더치 디자인'으로 불리는 시각디자인과 렘 콜하스 등으로 상징되는 건축의 영향력이 워낙 큰 까닭이다. 중앙역-중앙도서관-뉴 메트로폴리스와 인접한 디 아펠De Appel은 암스테르담에서 현대미술을 확인할 수 있는 최고의 공간으로 꼽힌다. 흰색과 빨강으로 이루어진 내부 공간을 걷다보면 현대미술이 지금, 어디쯤 가고 있는지 확인하고 예측할 수 있다.

Oosterdok 2, www.e-nemo.nl

뉴 메트로폴리스   디 아펠

세계 어디를 가나 작가, 저널리스트, 지식인이 모이는 공간이 있다. 암스테르담에서는 스푸이Spui 광장이 그런 곳이다. 아메리칸 북 센터, 워터스톤즈, 책공방, 아카데미 등이 모여 있다. 매주 금요일 이곳을 찾으면 북 마켓(오후 6시에 문을 닫는다)에 참여할 수 있다. 이 밖에 도 뉴욕의 프린티드 매터Printed Matter, 베를린의 본구Bongout와 더불어 아티스트 북 전문 서점으로 유명한 부키우키Bookie Woekie와 소규모 책 방 주트 북스Joot Books 등은 암스테르담에서만 만날 수 있는 작은 책 방이다.

스푸이 광장

부키우키

주트 북스

어떤 날

Annie Salomons   Herinneringen uit de oude tijd

Annie Salomons   Herinneringen uit de oude tijd

Rosita Steenbeek   Liefdesdomein

Botho Strauss   Paren, passanten

August Strindberg   Tijd van gisting

Brieven van H.N.Werkman 1940-1945

Brieven van H.N.Werkman 1940-1945

Brieven van H.N.Werkman 1940-1945

Brieven van H.N.Werkman 1940-1945

Brieven van H.N.Werkman 1940-1945

Koos van Zomeren   Een jaar in scherven

Brieven van Belle van Zuylen

Ik herinner mij

Privé-domein 1966-1984

Wim Hazeu   Gerrit Achterberg

Wim Hazeu
Gerrit Achterberg
Een biografie

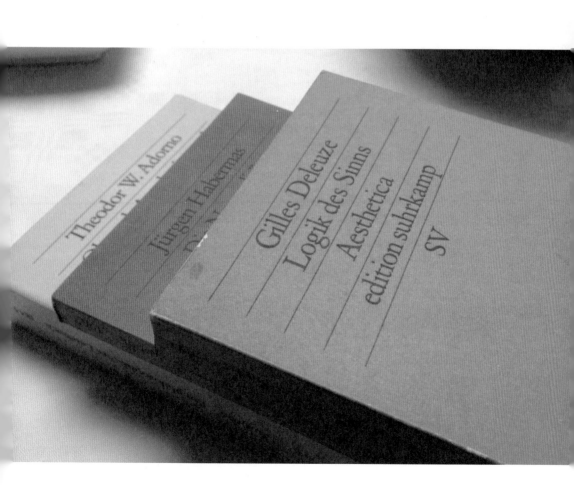

중앙도서관

나는 이 책이 괜찮은 소설이라는 사실을 알고 있기에 다른 사람들이 그 생각을 입증해주길 바라지는 않는다. 하지만 독자를 갖는 것은 싫지 않다. 결과적으로 시작에서부터 반응으로 옮겨가는 데 30년이 걸린다 한들 뭐 어떤가. 요즘 눈코 뜰 새 없이 바쁘다 보니 그 기다림이 썩 싫지는 않다. – 에릭 메이슬 지음, 『보헤미안의 샌프란시스코』중에서

암스테르담 중앙도서관 OBA Public Library

도서관이 관광명소인 경우는 흔하지 않다. 하지만 네덜란드 출신 건축가 조 코에넨Jo Coenen이 설계한 이곳은 암스테르담의 여행의 필수 코스로 꼽힌다. 모든 층이 뚫려 있는 중앙 구조, 똑같은 디자인을 찾아볼 수 없는 독서용 의자, 전 세계 오디오와 비디오 자료를 다 갖춘 멀티미디어실, 책과 음악을 조용히 읽고 감상할 수 있는 개인 감상실까지 우리에게는 왜 이런 도서관이 없나, 라는 탄식이 절로 나온다. 7층에 자리한 카페 테라스에서 암스테르담을 조망하며 저렴한 가격에 뷔페식 식사를 즐겨도 좋다.

Oosterdokkade 143 1011 DL Amsterda, www.oba.nl

드로흐 호텔

호텔의 방은 휴먼 스케일로 가득 차 있다. 이는 호텔이 태생적으로 '여행자의 숙소'라는 이방인이 하룻밤을 보내는 편안한 공간으로 고려되었기 때문이다. 게스트룸은 인간이라는 자연을 감싸는 공간이다. – 우라 가즈야 지음, 송수영 옮김 『여행의 공간』 중에서

드로흐 호텔 Hotel Droog

단 1개의 객실만으로도 유명해진 호텔. 투명한 플라스틱에 전구가 들어 있어 벽에 붙일 수 있는 '스티키 램프Sticky Lamp' 등 자연친화적이면서도 재기발랄한 디자인으로 알려진 '드로흐'에서 생산하는 제품과 드로흐의 아이덴티티에 어울리는 다른 제품들을 판매하는 드로흐 스토어(디자인 편집 매장), 갤러리, 다이닝 룸, 동화 정원(야외 정원), 뷰티 앳 코스마니아(뷰티 제품), 패션 앳 캐비닛(패션 셀렉션), 프러덕트 앳 벨테브레(가구와 소품) 등 7개의 매장으로 이루어져 있다. 맨 꼭대기층에는 드로흐의 제품들로만 꾸며진 객실 '원&온리 베드룸One&Only Bedroom'이 있다.

Staalstraat 7a-7b, www.droogdesign.nl

어떤 날

어떤 날

나는 아직도
당신이 궁금하여
자다가도
일어납니다

글 | 요조
사진 | 김민채

오랜만에 부산에 사는 친구 L에게 연락이 왔다. 잘사냐 못사냐 안부를 대충 묻더니 대뜸 내일 친구랑 제주도에 간다고 부럽지, 부럽지 하며 엄청 자랑을 해댔다.

가만히 듣고 있다가 나도 마침 내일 제주도에 가는데 공항에서 얼굴이나 보자고 했다. 애는 옛날부터 타이밍을 잘 못 맞췄다. 자랑에 실패한 L은 시무룩하게 전화를 끊었다.

다음날 오전에 제주공항에서 만나기로 했다.

왜 공항은 나를 이렇게 행복하게 해주지.

왜 이렇게 다 좋은 거지.

후지면 후진 대로, 깨끗하면 깨끗한 대로, 편하면 편한 대로 불편하면 불편한 대로 공항에게 나는 늘 고분고분하다. 혹시 나중에 죽어서 천국이든 지옥이든 가게 된다면 그곳이 엄청나게 멀어서, 거쳐야 하는 공항만 수천 개가 되었으면 좋겠다 싶을 만큼, 공항이 나는 그렇게나 좋은 것이다.

원래는 만날 예정에도 없던 친구를 그것도 낯선 땅(!)에서 만날 생각을 하니 기분이 어찌나 격양되던지, 낯을 엄청 가리는 내가 처음 보는 L의 친구에게 '어이구우 안녕하세요' 하고 손을 덥석 잡으며 인사를 했다. 어이구우 라니. 내 평생 이렇게 아저씨처럼 인사해본 적은 없었다.

L은 원래 친구와 숲 쪽으로 가서 야영을 할 계획이었고, 나는 혼자 바다 쪽으로 가서 둥둥 떠다닐 계획이었다. 우리는 하루만 같이 놀고 다음날 각자의 길을 가기로 했다. 날씨가 너무 좋아서 바다 쪽으로 가서 야영하는 것으로 합의를 보았다. 일단 대형 마트에 가서 먹을 음식들을 골랐다. 카트를 가득 채웠다. 혼자 살기 시작하면서 카트를 가득 채워본 적이 거의 없었는데. 내가 끌겠다고 우겨서 마트 안을 조금 쓸데없이 돌았다.

공항에서 그리 멀지 않고 유명하지도 않은 해수욕장에 도착했다.

L과 친구는 야영을 종종 다녔는지 익숙하게 캠핑장에 텐트를 설치하기 시작했다. 한낮의 태양이 무척 뜨거웠다. 오른쪽으로 한참 떨어진 곳에서도 도착한 지 얼마 되지 않은 한 가족이 텐트를 세우고 있었다. 꽤 대가족이었다. 할머니부터 꼬맹이까지 열 명쯤 되는 것 같았다. 꼬맹이들이 그늘 하나 없는 땡볕 아래에서 공을 가지고 뛰어놀고 있었다. 아저씨들은 큰 텐트를 두 개 설치하고 그 사이에 차양 같은 것을 둘러 그늘을 만들었다. 그 그늘 아래 길다란 간이의자에서는 할

머니가 주무시고 계셨다.

우리의 텐트도 완성되었다.

셋은 뒤도 안 돌아보고 냅다 바다로 뛰어들었다.

한여름이었는데도 유명한 해수욕장이 아니어서인지 사람이 그렇게 많지 않았다. 장난을 치다가 힘이 빠지면 팔다리를 늘어뜨리고 수면 위를 떠다녔다. 그러다 기운이 나면 다시 서로에게 바닷물을 먹였다. 한참을 그러고 놀다가 나는 담배를 피우러 잠깐 텐트로 돌아왔다. 슬쩍 옆을 보니 대가족의 텐트도 완벽하게 완성이 된 듯했다. 공을 가지고 놀던 꼬맹이들도 아저씨들도 바다로 들어갔는지 보이지 않고 할머니는 간이의자에 누워 계속 주무시고 계셨다. 우리는 계속 물속에 있었다. 중간에 잠깐 근처에 뭐가 있나 좀 둘러볼까 하고 어슬렁거렸지만 역시 더워서 다시 바다로 돌진했다. 해가 뉘엿뉘엿 질 때쯤에서야 기진맥진한 채 텐트로 돌아왔다.

대충대충 샤워를 하고 저녁 먹을 준비를 했다. 야채를 씻고 쌀을 씻어서 밥을 짓고 삼겹살을 꺼내서 구울 준비를 하고. 옆을 보니 대가족의 텐트도 저녁 준비가 한창이었다. 할머니는 간이의자에서 여전히 누워 계셨다.

어떤 날

음.

저녁 식사 준비가 끝났다. 밥도 잘 되고, 고기도 완벽했다. 제주도의 돼지고기는 그냥 무조건 완벽하다. 와, 죽인다, 대박이다! 우리는 식사하면서 감탄사로만 대화했다. 한 십여 분 만에 그 룰을 깬 것은 나였다. 옆을 보니 대가족도 식사중이었는데, 할머니가 여전히 누워 있었기 때문이었다.

／ 야. 근데 저 할머니는 왜 계속 자냐.
L과 친구는 동시에 대가족 텐트를 돌아보며 심드렁하게 대꾸했다.
／ 별로 배가 안 고프신가보지 뭐.

내가 말했다.

／ 아까 우리 왔을 때부터 자고 있던데.
／ 그래?
／ 응. 너희가 텐트 칠 때부터 저러고 계셨어. 자세도 안 바뀌었어.

어떤 날

심지어 내가 물놀이 중간중간에 텐트에 왔을 때에도 저 상태였다고
말하자 그제서야 L과 친구도 고개를 갸웃거렸다.

/ 좀 이상하지?
/ 그러네. 이상하네.

우리는 남은 고기와 김치를 섞어서 찌개를 끓였다. 술을 마시기 시작
했다.
하루종일 물에서 뒹굴어서 그런지 금방 술기운이 돌았다.
대가족 텐트에서도 식사를 마치고 수박 같은 것을 썰어놓고 담소를
나누고 있었다.
그리고 할머니는 여전히 간이의자에 누워 계셨다.
계속 할머니를 의식하느라 정작 우리 셋은 별로 말이 없었다.

/ 혹시.
/ 왜.
/ 돌아가신 거 아냐?

다들 속으로는 생각하고 있었을 말을 내가 겉으로 뱉었다.

/ 야, 그런 소리 하지 마. 재수없게.

/ 아니, 어떻게 잠을 저렇게 하루종일 자, 밥도 안 먹고.

/ 에이 말도 안 돼. 설마.

/ ……

/ ……

한참 동안 아무 말이 없었다.

/ 내 생각에는,

묵직한 적막을 깨고 L이 담담하게 말했다.

/ 보아 하니까 할머니가 여기까지 운전했나보네.

우리는 푸하하하 웃었다.

아, 그런가?

그런가보다!

어떤 날

먼 길 운전하면 피곤할 테니까 저렇게 하루종일 주무실 만하지!
분명히 흰 면장갑을 끼고 운전했을 거야.
우리는 배를 잡고 웃었다. 필요 이상으로 크게 웃었다.

얼마 후에 L과 친구는 텐트 안으로 들어갔다.
저쪽 텐트를 보니 할머니를 깨우지 말자고 합의를 본 듯, 나머지 가족들이 조심조심 텐트 안으로 사라지고 있었다. 나도 텐트 안으로 기어들어갔다. 어쩌면 정말 할머니는 돌아가셨을지도 모른다고 생각했다. 한편으로 그것을 은근히 기대하고 있는 나 자신과, 그런 나에게 환멸을 느끼는 또다른 내가 사이좋게 누웠다.

다음날 아침.

눈을 떠보니 L이 자리에 없다. 밖을 내다보니 아예 작정하고 할머니를 관찰하고 있었다. 할머니는 역시 조금도 달라지지 않은 그 자세 그대로 여전히 누워 계셨다.

/ 조금 전부터 보고 있는데 어떻게 뒤척이지도 않냐.

어떤 날

할머니에게 시선을 고정한 채 L이 말했다.

저쪽 사람들은 할머니 빼고 이미 다들 일찍 일어난 것처럼 보였다.

우리는 나란히 대가족 텐트 쪽을 향해 다리를 뻗고 앉아 담배를 피웠다.

/ 있잖아.

/ 어.

/ 만약에.

/ 어.

/ 진짜 저 할머니.

/ 아닐 거야.

/ 근데.

/ 어.

/ 너 조금도 기대 안 해?

/ 무슨 기대.

/ 할머니가 진짜 돌아가셨으면 하는 기대.

/ ······

/ 진짜 그런 기대감 전혀 안 들어? 그냥 별일 아니었으면 하는 마음뿐인 거야? 순전히 그런 마음으로 아까부터 지켜보고 있었던 거야?

어떤 날

/ 라면이나 끓여.

제일 큰 코펠을 들고 물을 받으러 식수대에 갔다 왔더니 대가족 텐트
는 분주해 보였다.
L이 엄청 상기된 목소리로 말했다.

/ 야, 저 사람들 곧 가려나봐.

과연 아저씨들이 텐트를 다시 걷고 있었던 것이다.
늦어도 삼십 분 안에 우리는 모든 것을 알게 될 것이었다.
L이 서둘러 텐트 안으로 들어가 친구를 깨웠다. 우리는 일렬로 멍청하
게 서서 대가족 텐트가 다시 정리되는 과정을 초조하게 바라보았다.
처음 보았을 때와 비슷한 풍경이었다. 꼬맹이들은 봉고차 옆에서 공
을 차고 놀았고 아저씨들이 텐트를 맡았다. 여자들은 아이스박스와
먹거리들을 정리했다. 할머니는 여전히 누워 계셨다. 결국 간의의자
에 누워 있는 할머니를 제외한 모든 것이 봉고차 안으로 사라졌다.
사람들도 모두 탑승했다. 이제 남은 것은 할머니뿐이었다.
아저씨 한 명이 할머니를 깨우기 위해 가까이 다가갔다.
어깨를 잡고 부드럽게 흔드는 것이 보였다.
우리는 심장이 입 밖으로 나올 것 같았다.

그리고 할머니는,

할머니는,

일어났다. 나사로처럼.

나는 다리에 힘이 풀려서 주저앉았다.

L과 친구는 동시에 '안 죽었어, 안 죽었어' 하고 외치면서 하이파이브를 했다.

어릴 때 종종 하던 손에 전기 오르게 하는 놀이가 생각났다. 심장에서 그런 느낌이 났기 때문이었다. 뭔가 막혔던 것이 뚫리면서 따뜻하고 따끔따끔한 것이 심장으로 화아악 하고 쏟아져 들어오는 그런 기분이었다. 굉장한 안심으로 신이 난 우리는 재미난 영화를 막 보고 나온 사람들처럼 엄청 조잘댔다.

아니 도대체 몇 시간을 주무신 거야, 자세도 똑같아. 뒤척이지도 않
았어. 저리지도 않으시나, 욕창 걸리겠다 욕창~ 푸하하하, 저 가족들
도 이상해, 그래도 밥 먹을 때는 좀 깨워야 되는 거 아냐, 푸하하하!

그러다 별안간 L의 친구가 저 할머니 진짜 운전하고
내려온 거 아냐, 하고 말했다.
우리는 동시에 봉고차를 바라보았다.
할머니도 간이의자도 보이지 않았다.
갑자기 L이 봉고차 쪽으로 달려가기 시작했다.
우리도 뒤따라 달렸다.
너무 멀고 너무 늦었다.
봉고차는 달렸고 우리는 서운해서 괴성을 지르며
모래 위에 나뒹굴었다.
라면을 끓여먹고 우리도 각자의 길로 헤어졌다.

요조 / 1981년 서울에서 태어났다. 〈동경소녀〉 〈우리는 선처
럼 가만히 누워〉 〈Vono〉 〈Color of City〉 〈1집 Traveler〉 〈모
닝 스타〉 등의 앨범이 있다. 5년 만에 정규 2집 〈나의 쓸모〉로 돌
아왔다. www.yozoh.com

어떤 날

나도 텐트 안으로 기어들어갔다.

어쩌면 정말 할머니는 돌아가셨을지도 모른다고 생각했다.

한편으로 그것을 은근히 기대하고 있는 나 자신과,

그런 나에게 환멸을 느끼는 또다른 내가 사이좋게 누웠다.

푸른 곳에
마음 풀다

글, 사진 | 위서현

어떤 날

문득 작은 도발을 하고 싶은 날이 있다. 출근을 하다가 문득 핸들을 돌려 바다를 보러 가고 싶어진다든지, 친구를 만났다가 그 길로 같이 춘천 가는 기차를 탄다든지, 밤하늘이 예뻐서 이름 모를 시골로 무작정 향한다든지……. 하지만 그건 늘 공상에 그치고 만다. 마음속으로만 '언젠가' 저지르고 말거라고 다짐만 하고 살아온 인생이다. 하지만 그 언젠가가 바로 오늘일 수도 있지 않을까. 저지르지 않는 한 '언젠가'는 내 머릿속에만 있을 뿐, 영원히 도래하지 않을 순간이라는 생각이 드는 순간, 떠나기로 했다. 그 주말에 짐을 간단히 꾸리고 바로 공항 가는 전철에 올랐다. 제주로 떠나기로 한 것이다. 그해 휴가는 그렇게 즉흥적으로 꾸며졌다.

우리나라에 제주라는 섬이 있다는 것은 나 같은 몽상가들에게는 참 다행스러운 일이다. 마음만 먹으면 언제든지 떠날 수 있는 푸른 섬이 가까이 있다는 것은 일상의 커다란 위로가 되니까. 물론 현실은 아무 때나 떠날 수도 없고, 마음먹기는 더 어렵다 해도 말이다. 그렇기 때문에 더더욱 저지르고 보는 게 좋을 때가 있다. 잘 짜인 휴가 계획이 나오기를 기다리느니 몸부터 일단 움직이는 거다. 그곳에서 누구를 만나게 되건, 어디로 들어서게 되건, 길을 잃게 되건 무슨 상관인가. 굽이굽이 이어진 길 위로 꽉 조여졌던 마음이 길을 찾고, 땅 위의 두 발을 통해 전해지는 묵직한 내 삶의 무게를 측정할 수 있다면 그것으로 떠나온 의미는 이미 충분할 테니.

무작정 도착한 제주에는 키 높은 야자수가 인사하고 있다. 높은 유리빌딩 틈에만 끼어 있다가 갑자기 펼쳐진 이국적 풍경에 어안이 벙벙한 나를 향해 나무들은 말을 걸어오는 것 같았다. 당신이 어디에서 왔든, 무엇을 기억하고 있든 이제 그 세계는 잊어버리라고. 서울을 떠나온 내 몸은 비행기를 타고 하늘을 날아 이곳 제주까지 왔는데, 정작 마음은 미처 따라오지 못했나보다. 그래, 제주다. 어느새 나는 제주에 온 것이다. 회색빛 도시를 떠나, 푸름이 가득한 제주에 와 있는 것이다. 바다내음 짭짤한 풍경 속으로 어느새 들어선 것이다.

제주에 몇 번 여행을 와봤지만 이렇게 계획 없이 온 적은 없었다. 계획이 없다는 것은 꼭 가야 할 곳이 없다는 의미이기도 하다. 올레길을 갈 필요도 없고, 해안도로를 따라 차를 달릴 필요도 없다. 제주에 왔다면 꼭 가봐야 할 곳들이 있지만 이번만큼은 다 제외다. 그렇게 여행의 의무사항을 지워놓고 보니 그야말로 텅 비어 있는 시간만 남았다. 바캉스의 원래 의미인 '비어 있는Vacant 상태'를 문득 깨닫는 순간, 나의 진정한 휴가도 시작되었다.

한참을 걷다가 정류소가 보여 버스를 탔다. 몇 번 버스인지 볼 필요도 없었다. 어차피 어디로 가야 할지도 몰랐으니……. 덜컹거리는 버스에 몸을 싣고, 창문을 열어보니 지난 제주 여행에서는 한 번도 본 적이 없던 풍경들이 들어온다. 제주의 사람들. 빨래를 널고, 장을 보고, 빗자루로 마당을 쓰는 여인들. 바닷바람에 얼굴을 건강하게 그을린 여자들이 돌담을 쌓으며, 작은 오징어잡이 배를 정돈하며 그렇게 살아가고 있었다. 누군가에게 제주는 꿈결처럼 펼쳐지는 푸른 섬이라면, 누군가에게는 치열한 삶의 터전이로구나. 누군가에게 제주는 몽환적인 이국의 풍경이라면, 누군가에게는 매일을 살아내야 하는 공간이자, 모질게 겪어내야 하는 일상이구나. 일상과 유리된 영원한 천국이 있을 거라고 꿈

꾸던 나의 마음은 그야말로 착각이라는 것을 새삼 깨닫는다. 동시에 어디에나, 누구에게나 던져버릴 수 없는 삶의 짐이 있다는 사실이 역설적으로 위안이 되는 순간이다. 희미하게 웃으며 버스에 몸을 기대니 잠이 쏟아진다.

얼마나 달렸을까. 감은 눈 위로 햇살이 어른거린다. 눈을 뜰 수 없을 정도로 쏟아지는 햇살. 실눈을 하고 창밖을 응시하니 바다가 내 시선으로 들어온다. 세상의 모든 푸른빛을 모아 한 곳에 쏟아 부어 놓은 것 같은 제주의 바다가 그곳에 있었다. 생각할 겨를도 없이 버스에서 내렸다. 바다에게로 가까이, 더 가까이 걸어갔다. 방향도 없이 이리저리 불며 머리카락을 흩어놓는 제주의 바람은 신선하다. 하늘과 바다는 하나로 이어져 찬란하게 빛난다.

빨간 등대가 있는 둔턱까지 걸어가 자리를 잡고 앉아서 바다를 바라보았다. 무엇이 나를 이곳까지 이끌었는지 알 수 없다. 어쩌면 마음이 오랫동안 고인 채, 어디로도 흐르지 못해 나도 모르게 바다를 찾아왔는지도 모르겠다. 계획도 없이 공항으로 달려가는 내 뒷모습을 누군가 보았다면 기다리는 사람이라도 있는 줄 알았을 것이다. 나조차 인식하지 못하고 있었지만, 일상의 틈바구니에 끼여 꽉 조인 내 마음은 그만큼 다급하게 숨 쉴 틈을 찾고 있었는지도 모르겠다. 마음이 흐르는 대로 바닷가를 따라 걸었다. 눈앞에 펼쳐진 바다도, 구름도, 바람도 쉬지 않고 흘러가고 있다. 끊임없이 흐르고, 흘려보내는 하늘과 바다를 바라보노라니 고여 있던 내 마음도 비로소 흐르기 시작한다. 버려야 할 마음들이 바다에 실려 비로소 흘러간다.

살다보면 아무것도 시작되지 않은 것 같아 불안할 때가 있다. 갑자기 모든 게 끝나버린 것 같아서 절망스러울 때도 있고, 때로는 나만 멈춰 있는 것 같아 답

답할 때도 있다. 하지만 어느 순간에도 잊지 않아야 하는 것은 그 모든 순간이 남김없이 나의 삶이라는 사실이다. 멈춰 있는 시간도 소중한 삶의 순간들이고, 주저앉아 있는 동안도 똑같이 귀중한 내 삶의 순간들이다. 이곳에도, 저곳에도 속하지 않은 것 같아 무의미해 보이는 순간들이 어쩌면 가장 의미 있는 시간인지도 모른다. 그러니 방황하고 부유하는 그 시간들을 결코 잊어버려서는 안 된다. 어디로 흐르는지 알 수 없어도 여전히 바다이고, 바람이 불지 않아 가만히 멈춰 있는 것 같아도 여전히 바다인 것처럼. 그래서 마음이 멈춰버린 날엔 푸른 바다를 찾나보다. 변함없이 푸른 그 모습이 참으로 좋다. 고여 있는 것들을 끝내 흐르게 만드는, 깊고 푸른 물의 이야기가 참 좋다.

그날, 제주의 푸른 바다는 내게 삶을 가르쳐주었다. 세상을 만나고, 온 몸과 마음으로 느끼고, 흘러가는 이 순간들을 살아내라고. 만나는 모두에게서 배우고, 기대하기보다 먼저 확신하며, 살아가며 마주친 빛나는 눈빛들을 무엇보다 소중하게 여기라고. 살아가며 나누는 진실된 웃음들을 마음에 담으라고. 만나고 이어지는 삶의 교감을 이 세상 무엇보다 감사하게 여기라고. 무작정 푸름을 찾아 떠난 제주에서 바다가 들려준 이야기다.

토요일 한낮, 제주도는 막 태어난 꽃의 형상처럼 눈부시게 빛났다. 새롭지 않은 것은 내 마음밖에 없는 듯했다. 문득 그 자리에서 배낭 속에 있던 내 오래된 수첩 한 권을 버렸다. 그리고 수첩과 함께 오래된 마음 몇 개도 버렸다. 깨끗하게

버려지고 비워진 마음에 에메랄드빛 바다와 새빨간 등대 하나 담고 나니, 그제야 배가 고파졌다. 살아간다는 것이 생생하게 느껴질 때 비로소 식욕도 왕성해지는 것임을 절감하는 순간, 고기국수 한 그릇이 생각났다.

제주를 대표하는 음식은 다양하지만, 나는 고기국수를 첫번째로 꼽는다. 아는 사람은 알고, 모르는 사람은 모르는 고기국수는 예부터 고기가 귀했던 제주에서 마을의 잔치나 제(祭)가 있던 날 서로의 복을 빌어주며 나눠 먹던 음식이다. 돼지 사골과 살코기를 넣고 진하게 우려낸 육수에 탱탱하면서도 부드러운 면을 넣고, 야들야들하게 익힌 흑돼지고기를 큼직하게 썰어 듬뿍 올려내는데, 그야말로 푸짐한 한 그릇이다. 여기에 젓갈을 넣은 시원한 김치나 깍두기를 얹어 한 그릇 뚝딱 먹고 나면 어찌나 든든한지 모른다. 아쉽게도 서울에서는 고기국수 파는 곳을 찾기도 어렵거니와, 어찌어찌 찾았다 해도 짭짤한 바닷바람 불어오는 제주에서 먹는 그 맛은 도저히 따라잡을 수가 없다. 제주도에서만 맛볼 수 있는 별미, 그러니 제주에 가면 꼭 챙겨 먹게 되는 음식이다.

손맛 살아 있는 숨은 맛집들을 찾아다니는 나이긴 하지만, 이런 마음으로 떠난 여행에서는 그마저도 내려놓고 우연에 기대는 게 좋다. 제주에서 이름난 고기국숫집들이야 몇 곳 있겠지만 굳이 소문난 집을 찾아갈 필요가 있을까. 식당에 대문짝만하게 고기국수라고 써 놓은 집이면 어디든 상관없다. 무엇보다 어느 음식점에 들어가든 투박하게 차려낸 제주 음식은 그 싱싱한 재료만으로도 넘치게 맛있다는 든든한 믿음이다.

어떤 날

골목 모퉁이에 자리잡은 국숫집 하나가 눈에 들어온다. 가게 문에는 여지없이 '고기국수'라고 큼직하고 투박한 손 글씨가 적혀 있다. 주머니 가볍게 내려온 여행자이지만, 고기국숫집만큼은 위풍당당하게 들어설 수 있다. 3천5백 원이면 그 푸짐한 행복을 누릴 수 있으니 말이다. 흑돼지고기 한 점을 국수 위에 잘 얹어, 젓가락으로 한 입 들어올린다. 국수는 소리 내어 먹어야 제맛이라며, 후루룩 후루룩 시끄럽게 먹는다. 오동통하면서도 부드러운 면발은 역시 최강이다. 젓가락 내려놓을 새도 없이 숟가락을 들고, 뜨거운 고기 국물을 떠 마신다. 뽀얗게 우러난 국물이 진하게 마음을 안아준다. 이번에는 국수 위에 김치를 하나 얹는다. 숟가락 끝에 입을 대고 한 입에 후루룩 넣는다. 이제 고기 한 점에 청양고추를 경쾌하게 와작 씹는다. 코를 살짝 자극하는 돼지고기 냄새는 소박한 삶의 냄새다. 고기는 귀했지만 마을 사람 다 모인 날만큼은, 아낌없이 돼지고기를 얹어 올렸던 제주 사람들의 풍요가 전해진다. 넘쳐서 나누는 것이 아니라, 없는 가운데 나누는 마음의 풍요다. 내줄 건 국수 한 그릇밖에 없지만 고기 듬뿍 얹었으니 한 그릇 후딱 먹고 기운차리라고, 어깨를 툭툭 두드려주는 것만 같다. 그 든든한 위로가 다시 길을 나서게 만든다.

사람을 솔직하게 만드는 여행의 메커니즘을 설명할 수는 없다. 여행이란 것이 여행자의 무엇을 건드리고, 무엇을 녹여내는지도 알 수 없다. 하지만 작은 여행에서 나는 또 한번 솔직해진다. 어디론가 멀리 떠나야만 여행인가. 인생이라는 길 자체가 여행인 것을. 멀리 떠나온 여행길처럼 삶도 언제나 낯설고 생경한 것을. 커다란 책가방 메고 들어간 첫 입학식, 촌스러운 정장 차림으로 잔뜩 긴장한 첫 출근, 모든 게 처음으로 다가오는 스무 살 첫사랑, 아버지라는 이름, 어머니라는 이름을 처음으로 달고 마주하는 새 생명……. 삶의 모든 계단은 누

어떤 날

구나 생전 처음 겪는 것들이라 언제나 어설프다. 하지만 처음이라 두렵기보다, 처음이라 설렐 수 있다면 삶은 늘 가슴 뛰는 존재일 수 있지 않을까.

삶이 두려워질 때는 그저 살아내면 된다. 삶을 이해할 수 없을 때면 그저 바다처럼 겪어내고 파도처럼 부딪히면 된다. 흘러가는 모든 것들은 부드럽게 흘려보내면 된다. 우리는 삶의 정답을 찾아 애써 붙잡으려 하지만, 답은 흘러가는 시간에만 존재하는지도 모른다. 결코 붙잡아둘 수 없는 순간 속에만 담겨 있는지도 모른다. 간절히 붙잡고 싶어 하는 인생의 결론이란, 꺾어서는 안 될 꽃처럼 손에 쥐면 시들어버릴 꽃처럼 흐르는 시간 속에서만 빛나는지도 모르겠다. 그러니 다가오고 흘러가고 사라지는 것들에 미련 없이 감사할 뿐이다.

제주를 여행하는 동안 참 열심히 먹었다. 따끈한 밥 한 공기에 칼칼한 고등어조림 한 조각을 얹어서는 성게알 가득한 미역국을 목구멍으로 뜨겁게 넘겼다. 숯불 위에 흑돼지 삼겹살을 지글지글 구우며, 바다내음 가득한 해물 된장찌개를 후후 불어가며 열심히 먹었다. 시원한 물회를 듬뿍 떠먹으며, 뜨거운 고기국수 한 그릇을 후루룩 먹으며, 순대 한 접시를 새우젓에 짭짤하게 찍어 먹으며 비어 있는 시간을 채워갔다. 마음속 깊은 곳까지 든든해지도록 먹었다. 음식은 삶에 대한 의욕이다. 그렇게 든든히 먹고 씩씩해져서 돌아왔으니 남은 한 해도 잘 마무리 지을 수 있으리라.

한 시간 후면 나는 다시 서울에 있을 것이고, 곧 일상이 시작될 것이다. 공항에서 비행기를 기다리는 시간, 마음에 푸름을 선물해준 제주에게 한 장의 편지를 띄운다.

'많이 보고 싶을 것입니다. 푸른 숨결과 맑은 웃음. 내게 보여준 모든 순간들이 많이 그리울 것입니다. 살다가 어느 날 문득 힘든 겨울이 오면 그 기억이 빛이 되겠지요. 내게 준 든든한 위로와 아름다운 순간들, 고맙습니다. 잊지 않고 다시 찾아오겠습니다. 그때까지 잘 있어요.'

작은 도발같이 시작된 나의 여행은 끝났지만, 삶이라는 여행은 변함없이 이어진다. 여행에서 지치고 힘든 순간도 오겠지만, 어려움 하나 없는 지루한 여행은 바라지 않는다. 모든 여행자란 어느 순간에도 아름다운 존재다. 알 수 없는 길을 떠나는 그대의 용기란 언제나 근사하니까. 길 위에 선 우리라 아름다우니까……. 삶이라는 길 위의 모든 여행자에게 브라보!

위서현 / KBS 아나운서. 1979년에 태어났다. 연세대 대학원에서 심리상담학을 공부했다. KBS NEWS 7, 2TV 뉴스타임 앵커, 1TV 〈독립영화관〉〈세상은 넓다〉, KBS 클래식 FM 〈노래의 날개 위에〉〈출발 FM과 함께〉 등을 진행했다.

어떤 날

삶이 두려워질 때는 그저 살아내면 된다.

삶을 이해할 수 없을 때면 그저 바다처럼

겪어내고 파도처럼 부딪히면 된다.

흘러가는 모든 것들은 부드럽게 흘려보내면 된다.

우리는 삶의 정답을 찾아 애써 붙잡으려 하지만,

답은 흘러가는 시간에만 존재하는지도 모른다.

어떤 날

더 자고 싶었지만
그렇지 않은 것처럼 일어났다.
그녀가 말했기 때문이다."더 자."

글, 사진
이우성

바퀴 달린 여행 트렁크 두 개와 이마트, 라고 적힌 커다란 비닐백 세 개를 내려놓고 침대에 누웠다. 서울에서 비행기를 타고 제주도에 도착해서 차를 렌트해서 마트에 들렀다가 펜션까지 오는 동안 회사에서 일을 하는 게 편할 거라고 생각했다. 게다가 여자 친구와 단둘이 닷새를 보내야 했다. 짐을 정리하는 애인을 잡아끌고 이불 속에 집어넣었다. 이불로 얼굴을 눌렀다. 숨이 막히게. 혹시 내가 요즘 무심해서 이렇게 멀리 둘이 여행을 오자고 한 것일까? 나는 얼굴을 더 강하게 눌렀다. 애인께서 힘으로 나를 밀쳐내고 얼굴을 내밀었다. "뭐해!" 행복해 보였다. 그녀의 오른쪽 가슴을 내 왼손으로 움켜쥐었다. 그녀의 목에 혀를 대고 재빨리 입안으로 혀를 가져왔다. 바닷물 맛이 났다. 흥분하지 않았지만 섹스를 했다. 날은 밝고 할 게 없었다.

창밖의 하늘이 내가 얼마나 잤는지 알려주었다. 기분이 좋아졌다. 하루가 거의 지나갔기 때문이다. 저녁밥을 먹고 TV를 보다 다시 자면 되겠다. 나는 얼마든지 잠을 잘 자신이 있었다. "깼네. 더 자." 그녀는 고개를 돌려 나를 잠깐 보더니 다시 하던 일에 열중했다. 요리중이었다. "김치찌개 끓이고, 너 좋아하는 떡볶이도 하려고." 더 자라고 말해놓고 그녀는 말을 멈추지 않았다. "대충 먹자." TV 리모컨의 전원 버튼을 찾으며 내가 말했다. 하지만 그녀는 등과 어깨로 웃었다. '깜짝 놀라게 해주겠어' 속으로 말하며. 그런 걸로 안 놀라도 되는데. 인스턴트 음식을 먹거나 빵을 먹어도 되는데. 군이 왜 놀라게 해주려는 걸까. 나는 여자들의 저런 기쁨에 동조할 수 없다. 내가 이상한 거겠지……. 김치찌개와 떡볶이를 맛있게 먹고 내가 설거지를 하겠다고 말했다.

그녀는 말리지 않았다. 그녀는 기쁨을 이미 맛보았다. 배부를 만큼. 그녀는 TV를 보다 잠들었고 나는 계속 TV를 보다 잤다. 섹스를 하지 않았다. 나는 TV를 보는 게 재밌었다. 그리고 우리에게 남은 날이 많았다.

"더 자." 그녀는 말했고 나는 일어났다. 창밖의 아침이 잿빛이었기 때문이다. "제주도에 왔을 때 날씨가 좋았던 적이 없어. 비가 오거나 눈이 오거나." 그녀가 말했다. 하지만 아무것도 하지 않아도 되는 날 (그녀는 분명히 아무것도 하지 않겠다고, 제주도로 가는 비행기를 타기 전에 말했다) 잿빛 오전은 고요하고 평안하고 아름답다. 나는 트렁크에서 나이키 러닝 반바지를 꺼내 입고 폴리스티렌 소재로 된 집업 재킷까지 입고 에어가 달린 운동화를 신고 밖으로 나갔다. 그녀는 나를 내버려두었다. 도로는 한산했다. 나는 중앙선을 밟으며 걸었다. 왼쪽엔 바다가 있고 도로엔 나뿐이었다. 차가 가끔 지나갔다. 운전자들은 이 멍청이는 뭐야, 하는 표정을 지으며 나를 피해갔다. 나는 전진할 때마다 어려지는 것 같았다. 그래서 계속 걸었다. 서른네 살밖에 안 됐지만…… 게다가 잘 생겼고, 단둘이 여행을 가자고 말하는 애인도 있고.

낚시하는 사람들이 보였다. 그들은 긴 낚싯대를 들고 서로 멀리 떨어져 있었다. 그래, 저런 게 여행이야. 나는 생각했다. 생각이 자꾸 다른 생각으로 이어져서 달렸다. 빠르게 달렸다. 숨이 차올랐다. 머리를 터트려야 할 것 같았다. 그래서 더 달렸다. 몸이 멈췄을 때 뒤를 돌아보니 백 미터도 안 와 있었다. 서른네 살밖에 안 됐는데…… 하지만 바다가 옆에 있었다. 바다는 사소로운 감정이 없다. 그래서 나를 짜증나게 하지 않는다. 바다는 바다를 보는 이의 친구다. 나처럼 예민한 사람의 투정도 받아준다. 그래서 나는 괜찮을 걸 알았다. 그곳에 며칠을 있는 게. 펜션 방에서 창 너머를 보면 애월의 바다가 정원의 풀처럼 펼쳐진다. 지루해도, 괜찮다.

어떤 날

하루는 차를 타고 바다에 갔다. 제주도는 어딜 가나 바다여서 어딜 가도 바다로 간다. "월정리 바다가 좋대. 카페도 있고." 블로그에 포스팅 된 사진을 스마트폰으로 보다가, 내게 보여주며 그녀가 말했다. 할 일이 없어서 바다에 갔다. 할 일이야 물론 있었지만 그건 정말 '일'이어서 하고 싶지 않았고, 아니 하고 싶었지만 혼자 있는 게 아니어서 못했다. 그래서 할 일이 없어져서 그녀가 말하는 대로 월정리에 갔다. 사흘째 되는 날이었나? 나흘째? 그때까지 우리는 섹스를 하지 않았다. 애월에서 월정리까지 20킬로미터 정도 됐던 것 같다. 도로 옆에 카페들이 있었다. 블로그에서 본 카페를 찾다가 내가 손가락으로 가리켰을 때 그녀도 뭔가 찾아낸 것 같았다. "방에 갔다 올게." 왜? 라고 묻지 않았다. 알 것 같았다. 죄 지은 것 같았다. 어제 TV를 덜 봤어야 했을까?

그녀가 차를 타고 가고 나는 카페에서 캐러멜 라테를 주문했다. 주인으로 보이는 여자는 여자처럼 보이지 않으려고 애쓰는 사람 같았다. 하늘거리는 원피스는 몸을 다 덮었다. 노마드, 히피 같은 단어가 떠올랐다. 커피가 나왔을 때 그녀는 우렁차게 소리쳤다. "캐러멜 라테 뜨거운 거 한 잔." 두 번이나 외쳤다. 해변의 모래 위를 걷고 있는 사람도 들을 수 있을 정도로. 카운터 앞에 앉아 있던 나로서는 볼륨을 줄이고 싶었다. 여성스런 여자가 좋다…… 가슴도 크고 살도 하얀…… 그런 여자, 라고 쓰면 어떤 여자들은 미간에 주름을 잡던데, 또 어떤 여자들은 역겹다고 하고…… 하지만 내가 그런 여자를 좋아하면 사람들이 아니, 일부 여자들이 나에게 욕을 해도 괜찮은 건가? 그런데 내 여자 친구는 가슴도 크지 않고 살도 하얗지 않다. 그래서 가끔 미안하다. 살이 하얗지 않고 가슴이 수박만하지 않아서 내가 더 예뻐하지 않을까? 라는 생각이 들어서. 그런데 나도 모르겠다.

어떤 날

내 여자가 왔다. 생리대를 차고. 만져본 건 아니지만. 우린 월정리 해변으로 걸어 나갔다. 돗자리를 깔고 앉아 바다를 보았다. 바람이 모래를 날렸다. 혀 위로 모래가 떨어졌다. 나는 혀를 이리저리 돌리며 모래를 녹이다가 삼켰다. 내 여자는 누워서 책을 읽었다. 나는 내 여자의 맥북에어를 꺼내 시를 썼다. 그래도 시인이니까. 첫 시집을 내고 완전히 '묻혀버린' 시인이지만. 누가 읽 어봐주길 바라고 시를 쓴 건 아니니까, 아니, 읽어봐주길 바라고 쓴 건 맞지 만…… 음, 어찌 됐건 시를 쓰는 건 내가 할 수 있는 몇 가지 기쁜 '일' 중 하 나니까. 그러라고 여기에 바다가 있다, 그러라고 여기 내 여자가 누워 내게 말도 걸지 않고 있다, 그러라고 내 여자가 마법에 걸려 내 정신을 한군데에 둘 수 있게 해주고 있다, 고 믿고 싶으니까.

"벌써 다 썼어?" 내가 맥북에어를 덮고 바다를 보고 있으니까 그녀가 말했 다. "사람들은 왜 벗어나고 싶어 할까? 저 사람들 봐봐. 자유에 목말랐다가 자유를 급하게 마신 사람들 같지 않아?" 바닷물이 많아서 좋았다. 사람들이 푸른 상자 속에서 걸어 나오는 것 같았다. 나도…….

낮은 길지 않았다. 아침에 늦게 일어나니까 저녁도 빨리 찾아왔다. 냉장고는 식재료 때문에 배가 불러 보였다. 라면도 여덟 개나 남아 있었고 냉동 만두 도 여전히 꽝꽝 얼어 있었다. 그렇지만 나는 이 문제로 애인을 타박해선 안 된다. 며칠 동안 묵는 방 값은 그녀가 냈고 장을 본 돈은 내가 냈기 때문이다.

어떤 날

당연히 방 값이 비쌌다. 다섯 배쯤. 그런데 여자들은 왜 다 먹지도 못할 걸 살까? 여자들은 남자와 손을 잡고 장을 보는 게 왜 재미있을까? 남자가 하는 말이란 그거 비싸, 그거 안 먹을 거잖아, 그거 사지 마, 같은 건데. 그리고 하나가 더 있다. "네가 그걸로 요리를 할 수 있어?" 우리는 부산스러운 식재료를 사긴 했지만 양념이 다 된 고기와 물을 붓고 끓이기만 하면 되는 찌개 재료 묶음도 샀다. 그래서 저녁 식사는 비교적 평화로웠다. 그녀는 다행히 첫날을 제외하곤 도전 의지를 불태우지 않았다. 내가 탐탁치 않아 했으니까. 맛이 없어서가 아니라 요리하는 그녀를 보는 것이 내게 '일'이었기 때문에. 그녀에게도 나에게도 익숙하지 않은 일.

하루는 걸어서 바다에 갔다. 애월의 바다였다. 나는 정말 오랜만에 '백팩'을 멨다. 과자와 돗자리와 수첩과 펜을 넣었다. 우리는 마을의 올레길을 걸었다. 많은 얘기를 했다. 그런데 기억에 나는 건 그녀의 회사에 호리호리한 체격의 똑똑한 남자가 있는데, 이 자식이 TV 드라마에나 나올 법한 기회주의자라는 것이다. 내 애인은 묵묵히 일만 하는 결과적으로 윗사람이 볼 때는 특징이 없는 직원이었다. 문제는 그 남자가 아니라 내 애인, 당시로선 아직 생리 하루 전인 내 애인이, 사람들에게 온전히 자기 매력을 전할 줄 모르는 여자라는 데 있었다. 나는 습관적으로 그녀에게 말했었다. 치마도 좀 입어. 가슴에 '뽕'도 넣어. 하지만 나는 알았다. 이렇게 말하는 남자는 최악이다.

그런데 역시 이것도 문제는 아니었다. 우리가 그 길고 예쁜 길을 걸으며 서로에 대해 이야기하지 않았다는 것이 문제였다. 그것보다 중요한 얘기는 없을 텐데. 우리는 남은 삶의 여행에 대해 생각해야 하는 나이가 되었다. 나는 언제나 결혼에 대해 생각한다. 결혼하기 싫다, 왜냐하면 그건 내 여자와 내가족을 데리고 여행을 가는 것과 같기 때문이다. 나는 짐을 메기 위해 여행을 가는 게 아니다. 중학생 때 이후로 엄마랑 아빠와 여행을 간 적이 없다. 엄마와 아빠에겐 자식이 형과 나뿐인데 내가 생각할 때 형제를 자식으로 낳은 부모처럼 외로운 사람은 없다. 특히 그들의 노후는…… 장성한 아들은 부모가 들고 있는 가방을 들어주긴 하지만 부모의 이야기를 들어주진 않는다. 장성한 아들은 애인의 말에도 귀기울이지 않는다. 나는 그렇다. 나는, 갖고 싶은 것을 갖기 위해 애썼다. 하지만 나를 괴롭히는 것은 내가 가진 것이었다. 남자가 무엇에 대해 싫증내는 데 걸리는 시간은 여자와 비교할 때 극단적으로 짧다. 나는 내 여자가 좋지만 평생을 함께 산다고 생각하면…….

애월의 바다는 연한 하늘빛이었다. 한참을 들어가도 물이 허리에 닿지 않았다. 부드러운 모래가 발을 감쌌다. 이렇게 적고 있다는 건, 내가 그곳에 들어갔다는 뜻이다. 5월이었다. 추운 날씨는 아니지만 소매가 긴 재킷을 걸쳐야 하는 때였다. 하지만 바다가 예뻐서, 파도 소리가 마치 "이리와, 이리와" 부르는 것 같았다. 나는 차분하게 양말을 벗고 티셔츠도 벗고 정신 나간 꼬마처럼 달려갔다. 애인은 놀라서 바다와 남자의 등을 보며 소리를 질렀다. 남자는 한참 들어갔다. 수영을 하다가 걷다가, 멈춰 섰는데 물은 겨우 허리에 닿으려고 했다. 남자는 웃으며 보디빌더처럼 팔의 이두박근에 힘을 주는 자세를 취했다. 바보였다. 하지만 마음속의 못된 생각이 씻기는 것 같았다. 나는 흥분됐다.

물에서 걸어 나왔다. 관광객들이 쳐다봤다. 웃거나 놀랐다. 나는 우월감에 젖기도 했지만 그 감정을 오래 느끼고 있기엔 추웠다. 애인은 돗자리로 내 몸을 닦으려고 했다. "젖어. 너 어디 앉으려고?" 그래도 그녀는 내 몸을 닦았다.

"추워." 내가 말했다. "옷 갈아입어야 할 텐데." 그녀가 말했다. "남자들은 왜 뒷일을 생각 안 해?" 그녀가 또 말했다. "안 하는 거 아냐. 못하는 거야. 그런 생각이 안 들어. 일단 들어가야 하니까." 나는 내가 머저리 같아서 억지로 추위를 밀어내버렸다. 몸이 뜨거워졌다. "남자들이 그런 게 아니야. 내가 그런 거야." 남자들이 그런 거면…… 나도 못 고칠 테니까. 남자들은 왜 낯선 여자와 더 섹스하고 싶어 할까? 일단 하고 보자, 라고 생각하니까. "섹스하는 것보다 이렇게 안고 있는 게 더 좋아." 언젠가 내 품에서 그녀가 말했을 때 그럴 수도 있다고 생각했다. 왜냐하면 난 둘 다 그지 그랬으니까.

여자에게 행복이란 뭘까? 내 애인은 내가 아무것도 하지 않고 누워만 있었는데도 나를 보며 웃었다. 5월의 바다에서 배 나온 남자가 걸어 나올 때도 웃었다. 내가 그렇게 좋은가. 물론 좋겠지만 그래서 웃은 건 아닐 거다. 여자의 웃음엔 남자라는 멍청이가 이해할 수 없는 무엇인가 있다. 물론 생각한다. 내 애인보다 하얗고 가슴 크고 키도 크고 얼굴도 더 예쁜 여자가 나를 보고 그렇게 해주면 좋겠다고. 그리고 그런 여자가 어딘가 있을 것 같다. 정말 있을까? 애인을 처음 만났을 때 나는 그녀가 그런 여자라고 생각했다. 더 하얄 필요가 없었다. 가슴이 더 클 필요도 없었고 얼굴이 더 예쁠 필요도 없었다.

몸에 돗자리를 둘둘 말고 서 있는데 고등학생밖에 안 돼 보이는 남자 애들이 열 명 정도 와서 텐트를 쳤다. 팔에 깁스를 한 애도 있었다. 한두 번 쳐다보다가 그만 봤다. 걔들이 나를 쳐다봤기 때문이다. 무서워서가 아니라 서른네 살이나 돼서 고등학생이랑 싸우면 창피하니까. 어린놈들이 캔맥주를 따서 마셨다. 어떤 애는 순식간에 마시고 캔을 발로 찌그러뜨렸다. 저렇게 어렸을 때 나는 내가 이렇게 나이가 많아질 거라고 상상하지 못했다. 지금 내 나이 또

래의 남자 어른이 지나가면 '야렸다'. 그들은 눈을 피했다. 나는 그때 이겼다고 생각했다. 그러니까 시간이 지나면 저 아이들도 질 것이다. 먼저 태어난 건 죄가 아니지만 결국 누구나 먼저 태어나거나 늦게 태어난다. 인생은 아주 긴긴 여행이기 때문에. 혼자 가기엔 너무 긴 여행. 어릴 땐 엄마가 옆에 있어준다. 물론 지금도 엄마가 옆에 있다. 하지만 적어도 지금은, 엄마는 나에게 엄마가 필요하다고 생각하지 않는다. 이제 엄마는 엄마의 여행을 가야 한다. 그리고 내가 나의 여행을 생각할 때 오래전부터 혼자 있었던 것 같다. 애인이 있었고, 또다른 애인도 있었지만 내 삶 속에 완전하게 들어온 사람은 없었다. 애인은 결국 떠난다. 내가 떠나거나. 어렸을 때의 나를 내가 떠나온 것처럼.

렌터카를 반납하러 갈 때 우리는 기쁘지도 슬프지도 않았다. 피곤해서 빨리 집에 도착하면 좋겠다고 나는 생각했다. 우리는 지친 부부 같았다. 인천공항에 도착했을 때 애인이 말했다. 커피 마시고 갈까? 그녀는 별로 할 말이 없을 게 분명했다. 나 역시 그랬다. 그녀는 나와 있는 시간이 끝나는 게 아쉬웠을 것이다. 나는 그렇기도 했고 아니기도 했다. 왜냐하면 나는…… 말해야 하는 쪽이기 때문이다. 그녀가 내게 말하지 않은 것이 아니라 내가 그녀에게 말하지 않은 것이기 때문에. 더 긴 여행에 대하여. 꼭 둘이 시작해야 하는 긴 여행.

이우성 / 시인. 《아레나(ARENA)》 기자. 1980년 서울에서 태어났다.

이우성 / 시인. 《아레나(ARENA)》 기자. 1980년 서울에서 태어났다. 2009년 《한국일보》 신춘문예에 「무력무력 구덩이」가 당선되며 등단했다. 《GQ》 《DAZED AND CONFUSED》를 거쳐 현재 《아레나》의 피처 에디터로 일하고 있다. 시집 『나는 미남이 사는 나라에서 왔어』를 냈다.

어떤 날

바다는 사소로운 감정이 없다. 그래서 나를 짜증나게 하지 않는다.

바다는 바다를 보는 이의 친구다.

나처럼 예민한 사람의 투정도 받아준다.

그래서 나는 괜찮을 걸 알았다. 그곳에 며칠을 있는 게.

휴가에 관한
몇 개의 말풍선들

글, 사진 | 장연정

첫번째. 하필, 왜 여름일까?

얼음이 녹는다. 투명한 유리잔에 하얀 물방울이 맺힌다.

살짝 잔을 돌리면 핑그르르- 얼음은 춤을 추며 웃는다. 제자리에서 빙빙 도는 소녀의 웃음처럼 맑고 깨끗한 소리다. 한 모금을 넘긴다. 잠시 동안의 안도감. 누군가의 미소를 얻어먹은 사람마냥 나는 기분이 좋다. 잠시 감았던 눈을 뜨고, 달력을 넘겨본다.

어느덧 7월.

뭐야, 아직 여름이 이렇게나 많이 남은 거야?

나는 이대로, 겨울날의 곰처럼 잠들고 싶어진다. 하얗고 둥글게 쌓아올린 이글루 안에서 소녀의 웃음을 닮은 얼음을 가득 넣은 잔이나 핑그르르 돌리며. 그리고 그 소리에 가끔 끊어진 기타 줄처럼 피식피식 웃으며. 긴긴 여름 내내.

그러니까, 나는 왜 여름을 싫어하게 되었을까.

활기. 열정. 생기. 도전. 여름을 닮은 단어들 앞에서 나는 자주 딴청을 피운다. 좋아하지만 좀처럼 친해지기 어려운 친구처럼, 여름을 입은 그 단어들은 내 앞에서 늘 쭈뼛거리며 서 있다.

얼른 이글루 안에서 잠이나 자고 싶은 나의 표정을 그들도 읽어낸 것이리라. 좋아하고 싶은데 어느 정도 좋아한다고 생각도 하는데 결국엔 좋아하지 않는 그 복잡 미묘한 아이러니의 심정을, 그들은 이해할 수 있을까.

내가 읽고 그리는 여름은, 영 집중할 수 없는 시끌벅적한 베스트셀러처럼 올해도 내 앞에 펼쳐져 있다. 그리고 그 안에 누군가 책갈피 해놓은 휴가, 라는 단어를 나는 무심코 들여다본다.

무엇을 해야 할까, 보다 무엇을 하지 않을까, 를 생각할 수 있는 기간. 갑자기 조금, 설레기 시작한다.

두번째. 일단은 방콕.

휴가는 여름과 친하다. 여름휴가라는 단어로 묶이면 더없이 근사하고.

어떤 날

그래서 나를 어떻게 보내줄 건데? 여름과 묶인 휴가는 그렇게 나를 바라보며 기대의 눈초리를 쏘아댄다.

– 어떻게 보내긴 뭘 어떻게 보내. 올해도 나는, 아무것도 안 할 거야.

덤덤히 그렇게 뱉어놓고, 나는 다시 슬금슬금 이글루 안으로 기어들어간다. 냉장고 안에 얼음이 잘 얼고 있나 확인을 하고서. 이글루 벽을 살살 긁어 빙수라도 만들어 먹을까 생각하면서. 풀이 죽어 저쪽에서 쭈그리고 앉아 있는 여름휴가의 얼굴쯤이야, 그냥 못 본 척하지 뭐.

성수기라는 말은 여러모로 끔찍하다. 무엇이든 최고를 달린다. 분위기도 더위도 나쁜 서비스와 모든 것들의 가격도. '성수기라서요.' 무책임한 판결문 같은 그 한마디에 나는 어쩔 수 없이 모든 불합리를 수용하고, 상처 입는다.
따끔따끔한 가슴을 부여잡고 폭죽을 터트리는 한여름의 밤. 따끔한 내 마음을 닮은 불꽃이 더운 여름밤 위로 소심하게 터진다. 그리고 어느새 나는, 울고 있다. 짜증과 화가 뒤섞인 상태에서. 이건 조금도 재미있지도 아름답지도 않아. 나 얼른 집에 가고 싶어. 소란한 열기 속에서 나는 결국 머리카락 한 올 한 올까지 외로워지고 만다.

그래서 일단은, 방콕.
방에 콕, 틀어박혀 보내는 여름휴가라니. 그 상상을 시작하는 순간 우리 집은 인적 드문 어느 휴가지의 한적한 모래사장이 된다. 알맞은 온도와 좋은 음악 그리고 은빛 모래처럼 알알이 빛나는 사랑하는 애인이 있는 풍경.
도대체 밖에 나가야 하는 이유가 뭐지.
기다란 빨대를 꼽은 쿨피스를 쭈욱 들이키며 나는 흡족하게 미소 짓는다.

세번째. 우디 앨런과 맥주 그리고 깊은 잠.

휴가休暇와 휴가休嘉. 나는 두번째 의미로써 휴가를 읽는다. 경사로운 일. 그리고 그 경사로운 일의 첫 스타트, 우디 앨런.

두꺼운 뿔테 안경을 끼고 어리둥절한 표정으로 갈팡질팡하는 듯한 그의 표정 속에서 한여름의 폭염 한가운데 놓인 나를 본다.

어떤 날

어쩔 줄 모르겠지만 끝까지 익살로 살아남고 싶다는 의지. 생의 괴로움 한가운데에서 그는 그렇게 매번 아니, 아직도 여전히 개구진 모습으로, 건재하다.

장난스럽지만 날카롭게 생의 면면을 정면으로 응시하는 법을 배우는 일. 그것이 어떤 의미로든 내 삶의 작고 수다스런 경사. 임을 느낄 때면

나는 가슴이 뛰고, 뛰어서 행복해진다.

휴가休暇 속의 휴가休嘉.

시원한 대나무 돗자리 위에서 〈비키, 크리스티나, 바로셀로나〉를 켜고 킥킥대며 냉장고 속의 맥주를 꺼낸다. 딸깍- 시원한 맥주 캔을 따는 그 순간. 그 소리. 그 상쾌한 소리를 나는, 얼마나 사랑하는지.

뜨거운 바르셀로나의 색채를 닮은 그들의 좌충우돌 러브스토리를 보고 있다보면 어느새 몇 캔의 맥주가 비워진다. 그리고 연이어 〈미드나잇 인 파리〉, 〈로마 위드 러브〉 같은 세계 곳곳의 아름다운 도시를 배경으로 한 그의 최신작들을 감상한다. O.S.T. 역시 흡족하다. 이 센스 넘치는 할배 같으니라고.

그리고 어느새, 깊은 잠.

잠이란 새로운 눈을 뜨는 어떤 지점이다. 눈을 감음으로써 새로운 차원에서의 새 눈을 뜬다.

낯선 세계로의 방문. 그것은 현실에서의 나를 온전히 닫는 일이다.

우리가 흔히 꿈이라 부르는 것들. 인과도 없고, 온전한 이해도 필요하지 않은 그 이야기 속에서 나는 거꾸로 흐르는 시계나 꼬리가 달린 사람들을 무덤덤히 바라본다.

갑자기 내 앞에 헤밍웨이가 나타나 내 글에 대해 신랄하게 비판을 하더라도 놀라거나 당황하지 않는다. 다만 그와 내일 어디에서 몇 시에 만나 술을 마실까를 정한다.

곁에는 스콧 피츠제럴드와 젤다가 수다를 떨고 있고 피카소는 새로운 뮤즈 찾기에 골몰하고 있다. 작고 허름한 파리의 카페. 벽면에 걸린 거울 속을 바라보자 그 안에 서 있는 건 마리옹 꼬띠아르. '그녀가, 나구나.' 그 사실이 하나도 이상하지 않은 순간. 누군가 곁에서 얼음이 가득 담긴 잔을 건넨다. 고개를 돌려 바라보자 어쩔 줄 모르겠다는 표정의 우디 앨런이 나를 바라보며 서 있다. 나는 웃으며 잔을 건네받는다. 시원한 한 모금을 마시고 잔을 돌리자 얼음이 핑그르르- 돈다. 소녀의 미소 같은 그 소리에 나는 반짝- 눈을 뜬다.

꿈이었구나. 아! 지금이 몇 시지! 출근해야 하는데!
바늘로 찔린 듯 놀란 가슴이 잔잔해지기 까지는 몇 초의 시간이 걸리
지 않는다.
오늘은 여름휴가休暇의 첫날인 것이다.

오, 이렇게 경사스러운 일이. 그야말로 휴가休嘉로군.

네번째. 미니멀한 식사와 눈물의 소모.

펜네와 푸질리, 파르팔레 중 무엇을 고를까 고민한다.
결국 한줌씩 섞어 삶는다. 물위에 동동 귀여운 농담처럼 떠도는 파스
타들. 타이머를 맞춰 놓고 토마토를 씻는다. 올리브 오일과 소금. 약간
의 바질가루 그리고 익힌 토마토가 전부인 파스타. 잘 뒤섞은 파스타
를 작은 접시에 담아 포크로 하나하나 찍어 먹는다.
아무도 없는 집. 켜놓은 노트북에서는 고찬용의 〈겨울이 오네〉가 흘러
나온다.

어떤 날

익어가는 파스타처럼 둥둥 떠오르는 생각의 물고기들. 파스타를 먹으면서 나는 파스타 한 개에 떠다니는 물고기 하나씩을 잡는다. 생각을 지워나가 여백을 만드는 시간.
아무 일도 하지 않기로 한 휴가의 오후, 내가 사랑하는 일 분 일 초가 유유히 물처럼 흘러간다.

어쩌면 단순히 너. 때문이었을까.
요시모토 바나나의 『달빛 그림자』를 처음 읽던 날 나는 아주 많이 울었었다. 사랑하는 연인을 떠나보내고 어느 특별한 순간, 저승과 이승이 교차하는 어느 시점, 그를 다시 재회하게 된다는 이야기.
그리움이 만들어낸 환상적인 그 찰나. 그 순간을 생각하면 가슴이 따뜻, 따끔해지면서 눈물이 쉴 새 없이 나왔다. 사랑하는 사람을 잃다니 그리고 다른 세상의 사람으로 다시 만나게 된다니. 책을 붙잡고 얼마나 울었을까. 아직도 요시모토 바나나의 책은 그때 나의 눈물로 구깃구깃하다.

그때, 마음껏 슬퍼했던 흔적을 보며 나는 오늘도 또 운다. 파스타 접시 위로 둥근 달이 뜨고, 생각의 물고기들이 유영을 멈춘 채 나를 바라본다.

슬픔과 눈물은 가끔씩이라도 소모해야 좋다는 생각이다.

슬픔과 눈물이 쌓이면 어떤 방식으로든 다른 이에게 상처를 주게 된다. 그러기 전에 미리 덜어내고 운 다음 볕에 잘 말려 뽀송하게 살펴주어야 한다. 성가시지만 마음이란 게, 그렇다.

그러니 이런 기회가 온다면 망설이지 말고 우는 거다. 휴가의 다른 말이 힐링이라면, 눈물의 소모만큼 좋은 방법도 없을 테니까.

어쨌든 그리하여, 파스타 접시와 요시모토 바나나의 책이 나란히 놓인 오후.

'휴가인데 뭐해?' 친구에게 문자가 온다.

'응, 조금 있으면 애인이 아이스크림을 사 가지고 놀러올 거야.' 나는 그렇게 답장을 한다.

창밖으로 느껴지는 뜨거운 햇살.

모두 어디로 간 걸까.

잠시 열어본 창문 밖은 한산하다. 아, 나만 빼고 다들 어디론가 휴가를 떠난 모양이야.

어떤 날

후끈, 열기가 방안으로 들어오기 전 재빨리 창문을 닫는다.

그리고 나의 이글루가 제대로 있는지 그 차가운 표면을 똑똑, 노크하듯 두드려본다.

땡동-

애인이 놀러왔다. 파다닥- 머릿속을 유영하던 물고기들이 어디론가 사라진다. 요시모토 바나나의 책 속, 특별했던 그 새벽, 그 시간에 강물 건너편에 서 있던 히토시처럼, 저 문 너머에 사랑하는 애인이 환상처럼 서 있겠지. 나는 금방이라도 눈물이 날 것 같은 마음으로 문을 연다.

다섯번째. 휴가의 그림.

오후 느지막이 차가운 이글루에서 기어 나와 대나무 돗자리 위에 눕는다. 폭염주의보를 알리는 뉴스 자막이 흘러가는 걸 묵묵히 지켜본다. 물기를 잃어버린 식물처럼 윤기 없는 몸을 주욱- 편다. 스트레칭을 하는 고양이처럼 유연하게. 운동이 부족한 몸 여기저기서 뚝뚝. 부끄러운 소리가 난다.

텔레비전을 끄고 오디오를 켠다. 백건우의 〈Brahms Intermezzi〉.
그의 연주는 저물녘 강물 위에 부서지는 연한 햇빛을 닮았다.
눈을 감고 얼마 동안 그를, 듣는다.

머리를 감고 선풍기 앞에 앉는다. 미풍. 무릎을 모으고 앉아 말없이 바람을 맞는다. 머리카락위에 간간히 맺혀 있던 물방울이 똑똑 떨어진다. 조금 열어둔 창문 사이로 불어 들어오는 바람에 커튼이 일렁인다. 그 모습이 너무 아름답다고 생각한다. 머리는 좀처럼 마르지 않고 나는 두번째 돌아가고 있는 백건우의 브람스를 말없이 듣는다. 여름휴가의 끝. 오늘이 지나도 밖은 여전히 더울 것이고, 나는 지루하겠지. 하지만 그래도 괜찮다는 생각이 든다.
여름이니까. 단지 내게는 늘 그랬던 여름이니까.

특별할 것 없는 여름휴가. 그래서 더 안도할 수 있는 시간.
올해의 여름휴가도 나는 나만의 이글루 속에서 이 여름이 어서 지나가기를 기다리는 심정으로 보낸다.

투명한 얼음을 부지런히 얼리고, 그 얼음이 춤을 추듯 녹는 모습을 지켜보면서 그리고 누군가의 미소를 얻어먹은 듯 그 얼음이 핑그르르-돌며 녹는 모습에 기분이 좋아지면서.

이렇게 하루하루 가을을 기다리면서.

대충 마른 머리를 바짝 올려 묶고 설거지를 하려는 찰나 친구에게 문자가 도착한다.
'휴가 끝이네. 잘 보냈어?'
한쪽 손에만 고무장갑을 낀 채로 나는 한 자 한 자 꾹꾹 눌러 답신한다.

'응. 끝이야. 다행히도.'

장연정 / 대학에서 음악을 전공했고 현재 작사가로 활동하고 있다. 문득 짐 꾸리기와 사진 찍기, 여행 정보 검색하기, 햇볕에 책 말리기를 좋아한다. 여행산문집 『소울 트립』 『슬로 트립』 『눈물 대신, 여행』이 있다.

어떤 날

'무엇을 해야 할까'보다 '무엇을 하지 않을까'를

생각할 수 있는 기간.

갑자기 조금, 설레기 시작한다.

어떤 날

프레고, 프레고

글, 사진

최상희

어떤 날

버스가 좌 절벽, 우 낭떠러지를 낀 구불구불한 해안도로를 곡예하듯
달린지 40여 분. 신음과 구토를 참느라 이를 꽉 깨문 승객들을 향해
운전사가 고개를 돌려 상큼하게 외친다. "포지타아아노!" 드디어 도
착했다.

사람과 짐을 부리고 난 버스가 꽁무니를 빼자 'Bar Internazionale'라
는 매우 인터내셔널한 간판이 보인다. 커피와 간단한 음식을 팔고,
버스표와 사탕부터 유통기한 다 된, 혹은 넘은 통조림, 수세기 동안
사가는 사람이 없어 골동품으로 거듭 난 기념품까지 모든 것이 있는
곳이다. 마을 사람들이 끊임없이 들락거리는 것으로 보아 가게는 최
소한 세계는 아니더라도 이 도시의 비즈니스 및 뒷담화의 중심인 것
이 분명하다. 머리 위에서 이글거리는 태양을 피하고 아무래도 요동
치는 버스 속에 흘리고 내린 듯한 정신을 찾기 위해 한 잔의 카푸치
노가 절실했다. 저 인터내셔널한 가게라면 내가 피하거나 찾아야 할
것들이 모두 있으리라는 생각이 든다. 아울러 묘연한 숙소의 행방도
수소문할 수 있으리라. 하지만 가게 안은 총격전을 앞둔 마피아의 모
임처럼 흥분과 수다로 가득 차 있어서 내가 주민들 사이를 헤쳐 가게
주인에게 카푸치노 한 잔과 상실한 정신, 숙소 정보 등을 얻어내는
것은 내년 휴가 시즌에나 가능한 일로 보인다. 할 수 없이 가게 문 앞

에서 발길을 돌린다. 그때 토니가 나타났다.

토니는 내 손에 들린 종이쪽지를 우아하고도 잽싼 솜씨로 낚아챘다. 예약한 숙소 이름을 적은 종이는 내가 어찌나 소중하게 간직하고 왔는지 흥건히 젖어 있었다. 고문서라도 해독하는 얼굴로 얼룩덜룩한 글씨를 들여다보던 토니는 "굿 플레이스"라고 대뜸 칭찬해준다. 칭찬에 몹시 약한 나는 춤을 추며 가게 앞에 주차되어 있던 토니의 자동차에 덥석 올라탄다. 토니의 자동차는 노란 택시다. 이제 토니가 굿 플레이스인 내 숙소로 데려다줄 거라 생각하니 마음이 푹 놓인다. 그런데 토니가 흠칫 놀란다. 마치 어딘가에 찔리기라도 한 표정이다. 예약된 차냐고 묻자 토니는 고개를 젓는다. 이내 택시는 기세 좋게 달리기 시작한다.

토오니도, 타아니도 아닌, 토니는 내 영어 실력이 일취월장한 줄 착각하게 만드는 아주 정직한 발음으로 말을 건넨다. 토니는 이 작은 해안 마을, 암벽 위에 지어진 집에서 태어나 평생 떠나본 적 없는 포지타노 토박이라고 자신을 소개한다. 피자 위에 올린 쫀득한 치즈처럼 붙임성 있는 말투로 토니는 내 이름과 국적, 여행 일정 등을 조곤 조곤 묻는다. 나폴리 공항에서 비행기를 타고 돌아가겠군, 하고 토니는 족집게처럼 딱 집어낸다. 그러더니 내게 나폴리 공항까지 가는 가장 안전하고 빠른 방법을 아느냐고 묻는다. 대답을 기다리지도 않고 "토니 택시"라고 말하고 토니는 싱긋, 웃는다. 비용은 140유로. 그러더니 잠시 후에 130유로까지도 가능하다고 덧붙인다. 이번에는 티라미수같이 부드러운 목소리다. 최근 내린 내 결심을 토니는 모른다. 토니, 디저트는 당분간 사절이야. 이탈리아에서 매일 쓰리코스로 먹느라 살이 쪘거든. 대답 대신 슬픈 표정으로 창밖만 내다보는 내 얼굴을 토니가 힐긋 보더니 말한다.

"프레고, 프레고."

신비로운 말이 어둑한 해저의 바닥을 두드리듯 울려 퍼진다. 마법사 스승님의 주문을 이해하지 못하는 아둔한 제자처럼 나는 혼란스러워진다. 이탈리아에 도착하자마자 가장 많이 들었던 '프레고'란 단어가, 나는 정말 궁금하다. 스파게티 소스 병에서나 보던 단어를 저렇게 경쾌하게 말하는 걸 보니 '너 토니 택시 타고 나폴리 공항에 가는 거다. 자, 약속?'이란 소리 같기도 하다. 그러지 않기만을 바랄 뿐이다.

어떤 날

어떤 날

어떤 날

갑자기 토니가 차를 멈춘다. 신호등에 걸린 것인가 하고 본다. 하지만 신호등도, 횡단보도도 이 도시에는 없다. 토니는 다 왔다고 말한다. 정확히 말하면 거의 다 왔다. 계단을 백 개쯤 내려가면 내가 예약한 숙소가 나온다고 한다. 물론 택시는 계단을 내려가지 못하므로 나는 여기서 내려야만 한다. 내가 택시에 올라탔을 때 토니가 왜 흠칫, 하는 표정을 지었는지 알았다. 30초밖에 안 걸리는 거리를 달리는 데 무려 15유로라는 요금을 청구하게 될 것을 토니는 알고 있었고 몸속 저 깊은 곳에 있는 콩알만한 것, 그러니까 양심 같은 것이 그를 콕 찔렀던 것이다. 30초를 달리고 2만 원이 넘는 돈을 지불해야 한다. 별 수 없다. 나는 여행자이기 때문이다. 때로 여행자는 '봉'이라는 이름으로 불러도 무방하다.

"저기 초록색 지붕 집 보이지?"

토니가 트렁크에서 내 캐리어를 내린 뒤 손을 들어 가리킨다. 토니의 손가락이 향한 곳에는 장엄한 라타리 산맥에서 뻗어 나온 언덕배기를 타고 오른 집들이 보인다. 햇살과 바람에 바랜 무어식 건물들은 신들의 젠가 게임판처럼 스릴 넘칠 정도로 정교하게 쌓여 있다. 빽빽이 들어서 있는 집들 중에 희한하게도 초록색 지붕은 대번에 눈에 띈다.

"우리 집이야. 무슨 일 생기면 저 집으로 와. 혹시 내가 없으면 우리

엄마한테 토니 친구라고 해. 알았지?"

토니가 한쪽 눈을 찡긋해 보인다. 포지타노에 온 지 1분도 안 돼서 친구가 생겼다. 돈으로 산 친구라 찜찜한 기분이 들기는 하지만 어쨌든 친구가 생긴 것이다. 토니는 내 손바닥에 명함을 살포시 쥐어주고 언제나 네 곁에 친구, 토니 택시가 있다는 걸 잊지 말라고 한다. 그리고 친구, 토니 택시는 기꺼이 나폴리 공항까지 갈 수 있다고 다시 일깨워준다. 어디로 통할지 모를 계단을 가리키며 조심히 내려가라고 토니는 말한다. 휴가 즐겁게 보내, 라고도 말해준다. 나는 달리 할 말을 찾지 못해 맘에도 없는 소리를 하고 만다. 고마워. 토니가 활짝 웃으며 대답한다. 프레고, 프레고.

캐리어를 끌고 좁고 가파른 계단을 내려가는 동안 점점 토니가 사무치게 고마워진다. 계단은 백여 개가 아니라 천여 개도 넘어 보인다. 내가 미리 슬퍼하거나 노여워하지 않도록 토니는 계단 개수를 십분의 일로 축소하는 기지를 발휘한 것이다. 인내심을 시험하는 계단은 아치형 터널 아래로 이어지고 차분한 그늘을 빠져나오자 강렬한 태양이 아직 감동할 준비도 안 되어 있는 내게 맹렬하게 달려든다.

예쁜 타일이 문패 대신 걸린 하얀 집을 발견한다. 땀에 푹 젖은 종이

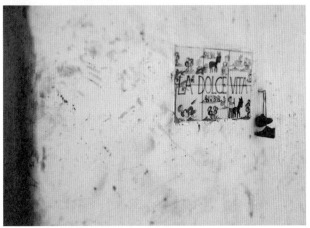

어떤 날

를 조심스럽게 펴서 타일에 적힌 글씨와 대조해본다. 드디어 숙소를 찾았다. 초인종을 누르니 불타는 태양 같은 머리를 한 소녀가 문을 활짝 열어준다. 챠오, 챠오, 하고 어릴 때 헤어졌다 상봉한 자매처럼 호들갑스러운 인사가 오간다. 며칠 동안 묵게 될 내 방은 203호다. 방문을 여니 바로 바다가 보인다. 바다는 푸르고 눈부시다. 지중해다. 아아, 드디어 왔구나. 나는 감격에 겨워 침대 위에 풀썩 쓰러진다. 바삭거리는 시트에서 햇살 냄새가 난다. 바다 냄새가 나는 것도 같다. 멀리 희미하게 파도 소리가 들려온다. 아, 잠들면 안 되는데, 하는 생각을 파도 소리가 친절하게 지운다.

알람도 없이 눈을 뜬다. 아직 아무도 쓰지 않은 햇살이 방 안을 가득 메우고 있다. 여기가 어딘가, 3초쯤 어리둥절해진다. 파도 소리가 답을 알려준다. 갑자기 무서울 정도의 허기가 느껴진다. 전날 빨간 머리 소녀가 가르쳐줬던 식당으로 내려간다. 나는 숙소에서 가장 먼저 아침을 먹는 부지런한 여행자가 된다. 빨간 머리의 소녀는 보이지 않고 바닥을 닦고 있던 할아버지가 본 조르노, 하고 인사를 건넨다. 나는 요즘 통 쓸 일이 없었던 근육을 씰룩 움직여 미소로 답한다. 큼직한 크루아상과 갓 끓인 커피를 담은 주전자가 내 앞에 놓인다. 저절로 음, 하는 소리가 나올 만큼 커피는 뜨겁고 맛있다. 진한 커피가 몸속을 타고 흐르자 쓰지 않던 근육들이 하나 둘, 살아나기 시작한다. 아침 일찍 눈을 뜨고, 부지런히 샤워를 하고, 낯선 사람과 인사를 나누고, 남이 차려준 아침을 먹고 오늘도 끝내주는 날씨군, 하며 식당 안에 가득 퍼진 레몬빛 햇살과 신선한 바람에 감동한다. 여행의 근육이 서서히 움직이고 있다. 굳어 있던 근육들이 살금살금 움직이기 시작하는 기분이 간질간질하다. 커피를 더 마실 수 있겠냐고 묻자 할아버지는 프레고, 프레고 하고 다시 한가득 주전자를 채워준다.

스피아지아 그란데는 도시에서 제일 큰 해변이다. 원색의 마욜리카 타일로 장식된 교회와 무어식 건물, 싱싱한 해산물 요리와 새콤한 레몬소르베로 유명한 이 도시에서 나는 다른 무엇보다 지중해를 먼저 보자고 마음먹는다. 카메라를 챙겨 들고 지중해를 찾아 나선다니, 제법 낭만적인 기분이 든다. 바닷가 깎아지른 듯한 암석 해안 위에 지어진 도시는 구불구불한 길과 가파른 계단으로 이어져 있다. 내 방 발코니에서 손에 잡힐 듯 보이던 푸른 바다가 좁은 골목길을 따라 걷는 동안 신기루처럼 사라진다. 아래로, 아래로 내려가면 바다겠지, 하고 한참을 걷고 나니 광장에 도착했다. 광장 초입에는 Bar

　　　　　　　　　　　　　　　　　　　　　　　　어떤 날

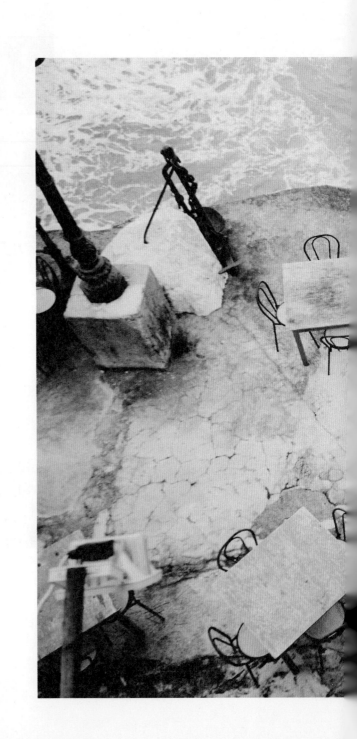

Internazionale를 복제한 것 같은 가게가 서 있다. 마을 사람들이 분주히 들락거리는 것마저 똑같지만 분명 다른 가게다. 미로 속을 헤매느라 지쳐버린 나는 가게에 들어가 카푸치노도 한 잔 하고 스피아지아 그란데의 행방을 묻기로 한다. 하지만 내 차례가 오려면 내후년 휴가 시즌에나 가능할 것 같다. 그때 토니가 나타났다.

과연 그 토니가 맞는지 얼떨떨했지만 이 도시에서 초이, 하고 내 이름을 반갑게 부를 토니는 초록 지붕 집에 사는 친구, 토니 말고 또 누가 있겠는가. 바다로 안 가고 뭘 하고 있느냐고 토니가 묻는다. 가는 중이라고 대답했더니 토니는 그럴 줄 알았다는 듯 프레고, 프레고 한다. 이쪽이지? 하고 알고 있지만 다시 확인한다는 듯, 내가 묻자 토니는 또 프레고, 프레고 한다. 프레고, 프레고가 가리키는 방향으로 가서 나는 지중해에 발을 담근다. 마약 같은 햇살이 하얗게 부서지고 민트빛 파도가 지치지도 않고 밀려온다. 멀리 수평선 위에 떠 있는 유람선이 작게 보인다. 푸른 파도를 가르고 아름답다고 소문난 섬으로 나를 데려다줄 배다.

다음날, 카프리로 향하는 첫배를 타기 위해 다시 해변으로 간다. 매표창구는 굳게 닫혀 있다. 매표소 옆에는 동네 청년들 몇이 서로 주먹질하고 있다. 잠시 후 싸움이 아니라 단지 열정적인 제스처를 곁들

인 담소중이라는 걸 깨닫는다. 한 청년이 나를 보더니 오늘은 배가 뜨지 않는다고 알려준다. 배드 웨더, 하고 바다를 손가락으로 가리키더니 양손을 옆으로 벌리고 어깨를 으쓱한다. 실망하기는 했지만 절망적이지는 않다. 나는 이 도시에 며칠 더 묵을 예정이다. 배드 웨더인 날이 있으면 굿 웨더인 날도 있을 것이다. 대신 이웃 도시로 가보기로 한다.

다른 도시로 가는 버스는 Bar Internazionale 앞에 선다. 매우 인터내셔널한 가게니 당연하다. 마피아 둘과 대부 하나, 똘마니 셋을 뚫고 가까스로 버스표를 사서 가게를 나오자 토니가 나타났다. 같은 토니인가 의아했지만 초이, 라고 반갑게 부르는 걸 보니 친구, 토니가 맞다. 토니는 떠나는 거냐고 묻는다. 잠시 아트라니에 다녀올 거라고 대답하는 내게 거긴 왜, 볼 것도 없는데, 한다. 카프리에 갈 생각이었는데 날씨 때문에 배가 뜨지 않는다고 했더니 토니가 말한다. 프레고, 프레고, 내일은 배가 뜰 거야.

아트라니는 관광객은 거의 들르지 않는 작은 동네다. 아말피 해변에서 살짝 물러나 숨은 듯한, 이 조용하고 아담한 동네가 나는 단박에 마음에 든다. 작은 광장에는 레스토랑과 카페, 젤라또 가게, 이발소가 하나씩, 경쟁 같은 것은 할 필요도 없이 사이좋게 들어서 있고 완

어떤 날

어떤 날

만한 비탈길을 따라 오르면 청량한 햇살에 빨래를 내다 말리고 있는 소박하고 예쁜 집들이 이어진다. 관광객이 드문 이 동네에 동양 여자가 나타난 것은 조금은 대단한 사건이었는지 내가 지날 때마다 이층 창문이 열리며 사람들이 흥미로운 얼굴로 내려다본다. 길에서 마주친 주민들은 작게 미소를 지으며 챠오, 라고 인사를 건네고 갈색 눈이 예쁜 여자 아이 하나가 내 뒤를 졸졸 쫓아오다 내가 뒤돌아보면 생긋 웃고 저만치 달려갔다가 다시 뒤따라온다. 동네를 한 바퀴 다 도는 데 한 시간도 걸리지 않는다. 수줍은 이 동네에서 나는 좀더 머무르고 싶다. 마침 배가 좀 고프기도 하다.

마을에 하나뿐인 식당의 야외 테이블에 앉는다. 나는 식당의 유일한 손님이 된다. 서글서글한 눈매를 한 웨이터가 테이블에 깨끗한 천을 깔아준다. 잘생긴 남자다. 이탈리아의 남자를 가늠하는 내 기준은 토니다. 제일 많이 본 얼굴이 토니인데 달리 누구에게 비교하겠는가. 지금까지는 토니가 이탈리아 최고 미남자였는데, 이제 이인자가 된다. 파스타와 생선튀김을 주문하고 맥주도 한 잔 시킨다. 내가 멸치튀김을 좀더 실감나게 카메라에 담으려는 쓸모없는 노력을 장시간 하느라 파스타가 불어터지는 것을 안타깝게 지켜보던 웨이터가 슬쩍 다가와 내 모습을 찍어주겠다고 한다. 괜찮다고 하는데 웨이터는 프레고, 프레고 한다. 나는 프레고, 프레고에 굴복하고 카메라를 건넨다. 카메라를 향해 나는 미소를 띠고 브이 자를 그려 보인다. 이탈리아 최고 미남자가 셔터를 누르고 있으니 별 수 없다.

다음날도, 또 다음날도 카프리로 가는 배는 뜨지 않는다. 나는 이웃 마을로 놀러가는 것도 더는 하지 않고 바닷가에 앉아 있다가 지중해가 레몬빛으로 물드는 것을 바라본다. 그러고는 좁은 골목길을 지나 계단을 수천 개 올라 가장 전망이 좋을 것 같은 카페를 열심히 고른다. 하지만 아무짝에도 쓸모없는 짓이다. 이곳은 전망 안 좋은 카페가 없다. 길가에 내놓은 테이블에 앉아 카푸치노를 시킨다. 카페 주인은 너 아직도 안 갔구나, 하는 미소를 지으며 차가운 물도 한 잔 덤으로 준다. 숙소 앞 슈퍼 아저씨는 너 이제야 1유로와 2유로 동전 구분 좀 하는구나, 하는 얼굴로 정열적으로 오렌지를 담아준다. 오렌지를 담은 봉투를 들고 할랑하게 걸으며 또 길을 잃었군, 하고 생각할 때면 어김없이 토니가 택시를 멈추고 초이, 하고 인사한다. 나는 오늘도 배가 뜨지 않았다고 말한다. 프레고, 프레고, 내일은 배가 뜰 거야, 토니는 말한다. 나는 이제 한층 부드러워진 근육을 이용해 토니를 향해 활짝 웃어준다. 아무렴 어때, 라는 말도 나는 미소로 대신

할 수 있게 됐다. 눈앞에 이렇게 아름다운 바다가 펼쳐져 있고 바다가 시간의 빛으로 물들어가는 것을 매일매일 볼 수 있는데, 안 그래? 삐걱거리던 여행 근육이 날마다 조금씩조금씩 말랑해진다.

포지타노를 떠나는 날, Bar Internazionale 앞에서 버스를 기다린다. 그때 토니가 나타난다.

"떠나는 거야?"

나는 그렇다고 대답한다. 나폴리 공항까지 가장 안전하고 빠르게 데려다주는 토니 택시를 타라고 할까봐 겁이 난다. 120유로까지도 가능하다고 하면 어쩌나, 고민된다. 토니가 묻는다.

"재밌었어?"

나는 고개를 끄덕인다. 토니는 다행이라는 듯, 활짝 웃는다. 불쑥, 나는 말하고 만다.

"고마웠어."

"프레고, 프레고."

순간 덜컹, 하는 소리가 난 것 같다. 여행의 근육은 때로는 덜컹, 움직이기도 한다. 몸속으로 바람이 시원하게 통과하고, 나는 웃고 있다. 프레고, 아직도 나는 명확한 뜻을 모른다. 하지만 그 뜻을 모르더라도 프레고, 프레고 하다고 생각한다. 등뒤로 하늘이 붉게 물들고 있다. 레몬 같은 태양이 이제 막 푸른 지중해 속으로 들어가고 있다. 이제 돌아갈 시간이다. 프레고, 프레고*한 휴가였다고 나는 작게 중얼거린다.

*프레고prego는 아무쪼록, 실례, 미안합니다, 천만에요, 괜찮아 등의 뜻을 지닌 이탈리아어다.

최상희 / 소설가, 여행작가. 소설 『그냥, 컬링』으로 '비룡소 블루픽션 상'을 탔다. 『명탐정의 아들』 『옥탑방 슈퍼스타』 등의 소설과 여행서 『제주도 비밀코스 여행』 『강원도 비밀코스 여행』 『사계절, 전라도』를 썼다.

어떤 날

travel mook

266

프레고, 프레고가 가리키는 방향으로 가서

나는 지중해에 발을 담근다. 마약 같은 햇살이 하얗게 부서지고

민트 빛 파도가 지치지도 않고 밀려온다.

멀리 수평선 위에 떠 있는 유람선이 작게 보인다.

푸른 파도를 가르고 아름답다고 소문난 섬으로 나를 데려다줄 배다.

epliogue

가만히 있었더니 아무것도 움직이지 않았지

외로워지지 않으려면 계속 걸어야 했어

앞으로든 뒤로든

– 요조 〈안식 없는 평안〉 중에서

북노마드